Manual básico para el pequeño formulador de fertilizantes

R. Gómez

Derechos reservados

No se permite la reproducción total o parcial de este libro ni su incorporación a un sistema informático, ni su transmisión en cualquier forma o por cualquier medio, sea este electrónico, mecánico, por fotocopia, por grabación u otros métodos, sin el permiso previo y por escrito del autor.

La infracción de los derechos mencionados puede ser constitutiva de delito contra la propiedad intelectual (Arts. 229 y siguientes de la Ley Federal de Derechos de Autor y Arts. 424 y siguientes del Código Penal).

Para todos los emprendedores que quieran iniciarse en el negocio de los fertilizantes, así como aquellos que quieran realizar sus propias soluciones nutritivas y puedan contribuir de alguna manera con resolver las problemáticas sobre la disponibilidad de alimentos en las zonas que habitan.

Prologo

En un mundo donde la población crece de manera exponencial y los recursos naturales se ven sometidos a una presión sin precedentes, los fertilizantes desempeñan un papel crucial en la seguridad alimentaria, al maximizar la productividad de los cultivos.

La formulación de fertilizantes nos permite dar soluciones específicas a problemáticas relacionadas con el rendimiento de los cultivos. Además, es importante conocer las fuentes de nutrientes, compatibilidad y factores que les afectan como: el pH, temperatura, balance iónico, entre otros, siendo estos primordiales para poder realizar un cálculo adecuado en el desarrollo de un fertilizante.

Este manual contiene más de 100 propuestas de fórmulas de fertilizantes, que van desde aporte de NPK, hasta correctores de carencias múltiples adicionados con bioestimulantes como: hormonas, vitaminas, cofactores, extractos, adherentes, humectantes, conservadores, entre otros. Además, se listan las distintas fuentes de nutrientes que son utilizadas en la formulación de fertilizantes, así como ejemplos de desarrollos de nuevas formulaciones, herramientas para realizar el cálculo de soluciones nutritivas, la importancia del orden de adición entre los componentes de un fertilizante y los disolventes más comúnmente utilizados para activos con baja solubilidad en agua.

La intención de este manual es entregar ejemplos prácticos y concisos para aquellos que se interesen en el negocio de la fabricación de fertilizantes, esto desde el punto de vista del desarrollo de productos, así como brindar ejemplos para realizar soluciones nutritivas.

La importancia de tener distintas alternativas para resolver una misma problemática es fundamental y necesaria para los tiempos que la agricultura vive actualmente.

Introducción

Los fertilizantes tienen una importancia fundamental en la nutrición de las plantas, la formulación de fertilizantes es importante debido a que de esta forma se asegura que los nutrientes que contienen puedan estar disponibles para estas. Así como saber cuáles son las distintas alternativas de fuentes de materiales para los macronutrientes y micronutrientes, de los cuales se conocen que son fundamentales para un buen rendimiento y salud de los cultivos.

Además, la importancia del suelo en los cultivos es primordial debido a que este es el medio en el cual se desarrollará el proceso de absorción de nutrientes. Encontrando que factores como la temperatura, el pH y la presencia de varios elementos puede contribuir a mejorar o evitar que un nutriente esté disponible. De igual manera en la formulación de fertilizantes estos mismos factores pueden limitar que un nutriente esté disponible o no. La combinación de varios materiales puede provocar la formación de especies químicas insolubles, mismas que en un fertilizante precipitarían y limitarían los aportes garantizados de este.

Más de 100 propuestas de fórmulas de fertilizantes se describen en este manual que van desde aporte de NPK, hasta correctores de carencias múltiples adicionados con bioestimulantes.

Dentro de estas, se describe el proceso de adición de cada componente, así como se indican los materiales comúnmente usados como: aportes hormonales, extractos, vitaminas, cofactores, conservadores, anticongelantes, humectantes, adherentes, quelantes y disolventes.

El objetivo del manual es contribuir con varias alternativas de formulación de fertilizantes, y brindar herramientas para el cálculo de aportes en los fertilizantes y desarrollo de soluciones nutritivas.

Índice general

	Página
Prologo	4
Introducción	6
Capítulo 1	**10**
La importancia de la nutrición en los cultivos	10
Los fertilizantes	13
Capítulo 2	**16**
Efecto de los macronutrientes y micronutrientes	16
Macronutrientes	16
Nitrógeno (N)	18
Fósforo (P)	20
Potasio (K)	22
Micronutrientes	24
Hierro (Fe)	27
Zinc (Zn)	29
Manganeso (Mn)	31
Magnesio (Mg)	32
Cobre (Cu)	34
Molibdeno (Mo)	36
Silicio (Si)	38
Azufre (S)	40
Calcio (Ca)	41
Boro (B)	44
Capítulo 3	**46**
El suelo y la importancia en la nutrición	

vegetal 46
Capítulo 4 .... **53**
Fertilizantes, su aplicación y cálculos de los
aportes nutricionales 53
La temperatura también puede influir 56
Cálculo de la composición garantizada expresada
en los fertilizantes 57
Capítulo 5 .... **72**
Compatibilidad de los materiales en la
formulación de fertilizantes 72
Fuentes de materiales para formular
fertilizantes 74
Capítulo 6 .... **77**
Propuestas de formulación de fertilizantes 77
Índice de propuestas de formulación 238
Bibliografía 244

Capítulo 1

La importancia de la nutrición en los cultivos

Uno de los temas cruciales en la agricultura y la producción de alimentos es la importancia de la nutrición adecuada de los cultivos siendo esta esencial para garantizar un crecimiento saludable, una alta productividad y la calidad de los productos agrícolas.

La nutrición de los cultivos es un proceso complejo que implica la absorción, el transporte y la utilización de una variedad de nutrientes esenciales. Estos nutrientes son necesarios para el desarrollo óptimo de los cultivos y para la realización de funciones vitales como la fotosíntesis, la formación de tejidos y la resistencia a enfermedades y plagas.

Los principales nutrientes que los cultivos requieren en grandes cantidades son el nitrógeno, el fósforo y el potasio, conocidos como macronutrientes, mientras que otros elementos como el calcio, el magnesio y el azufre son necesarios en cantidades menores, pero igualmente importantes.

Para garantizar una nutrición adecuada, es fundamental comprender las fuentes de nutrientes disponibles y los métodos de aplicación más eficientes.

Los nutrientes pueden provenir tanto del suelo como de fuentes externas; como fertilizantes y materiales orgánicos.

La fertilización del suelo es una práctica común en la agricultura moderna, donde se aplican fertilizantes químicos u orgánicos para satisfacer las necesidades nutricionales de las plantas.

Los fertilizantes químicos son formulaciones específicas que contienen nutrientes en formas fácilmente disponibles para las plantas. Estos fertilizantes se pueden aplicar de manera foliar o al suelo, y suelen contener una combinación balanceada de nutrientes para satisfacer los requerimientos de las plantas en diferentes etapas de crecimiento. Sin embargo, el uso excesivo o inadecuado de fertilizantes químicos puede tener impactos negativos en el medio ambiente, como la contaminación del agua y la degradación del suelo.

Por otro lado, los fertilizantes orgánicos, como el compost, el estiércol y los residuos vegetales, también son importantes fuentes de nutrientes para las plantas. Estas no solo aportan nutrientes esenciales, sino que también mejoran la estructura del suelo, promueven la actividad microbiana benéfica y aumentan la retención de agua y nutrientes en el suelo.

Además de la elección de las fuentes de nutrientes, es importante considerar los métodos de aplicación de los fertilizantes. La fertirrigación, por ejemplo, es un método que consiste en la aplicación de fertilizantes a través del riego, lo que permite una distribución uniforme de los nutrientes y una absorción directa por parte de las raíces. Esto implica que los fertilizantes deben ser completamente solubles en agua, para lo cual su formulación debe considerarlo.

Los fertilizantes en formulaciones líquidas conllevan ventajas en su aplicación debido a que los nutrientes ya se encuentran solubilizados en agua a diferencia de los sólidos. Otro aspecto importante es que se pueden crear formulaciones complejas de diversas fuentes de nutrientes, bioestimulantes, agentes humectantes y adherentes, lo que facilita la aplicación y mejora la disponibilidad para las plantas.

La formulación de fertilizantes nos permite atacar diferentes necesidades específicas para los distintos tipos de cultivos en las diferentes etapas de crecimiento, contribuyendo a mejorar los rendimientos obtenidos al llegar la cosecha.

La nutrición adecuada de los cultivos es fundamental para garantizar su crecimiento, desarrollo y productividad. La elección de fuentes de nutrientes, los métodos de aplicación y el manejo integrado son aspectos clave que deben tenerse en cuenta para optimizar el rendimiento de los cultivos y promover la sostenibilidad en la agricultura. Al comprender la importancia de una adecuada formulación de fertilizantes, ya sean de fuentes inorgánicas, orgánicas o ambas, nos permite alcanzar y satisfacer estas necesidades.

Los fertilizantes

El uso de fertilizantes en los cultivos nos permite adicionar nutrientes requeridos por estos y subsanar carencias que se puedan presentar durante su desarrollo. Existen diferentes alternativas de fertilizantes, algunos de estos se pueden presentar en estado sólido y líquido, los cuales pueden seleccionarse dependiendo la aplicación requerida.

Los fertilizantes sólidos son una alternativa cuando se quiere adicionar aportes nutricionales muy altos, pero por lo regular estos no contienen diferentes tipos de nutrientes que puedan auxiliar en caso de carencias múltiples. Para que estos fertilizantes puedan estar disponibles es necesario que sean solubilizados en agua, de otra manera es imposible que los nutrientes estén disponibles para las plantas.

Los fertilizantes líquidos pueden ser mucho más complejos debido a que pueden formularse hasta obtener una solución nutritiva con las necesidades específicas requeridas en un cultivo. Además, estos pueden mezclarse de una manera más fácil con materiales como hormonas vegetales, extractos, microorganismos, materia orgánica, humectantes, adherentes, penetrantes, entre otros. Los fertilizantes líquidos ya contienen solubilizados todos los nutrientes que aportan, por lo cual únicamente se realiza la dosificación adecuada de estos, por medio de algún mecanismo de aplicación.

Para la formulación de fertilizantes es necesario conocer que fuentes de nutrientes podemos tener a la mano y cuáles son los aportes de estas, además de saber las diferentes compatibilidades entre los componentes, así como conocer que materiales se pueden utilizar para contribuir en la estabilidad de nuestra formulación.

Algunas fuentes de nutrientes requieren el uso de disolventes especiales para que sean estables en una solución acuosa, además se debe considerar que los pasos en los que se adicionan los materiales en una formulación pueden contribuir a que esta permanezca estable y ninguno de sus componentes precipite.

Cuando existe precipitación en una formulación de un fertilizante, es debido a la formación de compuestos insolubles en agua, mismos que son inservibles para las plantas debido a que por lo regular no son formas asimilables por estas, por lo que un fertilizante con componentes precipitados contendrá menores aportes nutricionales a lo esperado. Esto puede ser un gran problema durante la formulación de fertilizantes.

En este libro se proponen más de cien fórmulas de fertilizantes líquidos para diferentes aplicaciones, desde aporte de NPK hasta correctores de carencias múltiples adicionados con bioestimulantes[1]. Además, se listan diferentes fuentes de nutrientes, disolventes, hormonas y extractos, preservadores, agentes adherentes, humectantes y penetrantes, vitaminas, inductores, entre otros. Además, se muestran ejemplos sobre cómo realizar formulaciones de fertilizantes y las maneras de calcular los aportes nutricionales de estos.

Un bioestimulante es cualquier sustancia o microorganismo que, al aplicarse a las plantas, es capaz de mejorar la eficacia de éstas en la absorción y asimilación de nutrientes, tolerancia a estrés biótico o abiótico o mejorar alguna de sus características, independientemente del contenido en nutrientes de la sustancia.

Capítulo 2

Efecto de los macronutrientes y micronutrientes

Macronutrientes

Para establecer un marco de referencia en la formulación de fertilizantes es necesario conocer la importancia de los diferentes nutrientes para el desarrollo de una planta en general. Los principales elementos requeridos por todas las plantas se conocen como macronutrientes.

El término "macronutrientes" se utiliza para referirse a estos elementos debido a su importancia crítica para el crecimiento y desarrollo de las plantas, así como a la cantidad relativamente grande en la que se requieren en comparación con otros nutrientes esenciales, como los micronutrientes.

Entre los principales macronutrientes se encuentran el nitrógeno (N), el fósforo (P) y el potasio (K), que son fundamentales para el metabolismo y la salud de las plantas.

El nitrógeno (N) es un componente esencial de las proteínas, ácidos nucleicos, clorofila y otros compuestos biológicos vitales para el crecimiento de las plantas. Es un nutriente clave en la formación de estructuras celulares y en la síntesis de moléculas fundamentales para el transporte de energía y la regulación del crecimiento. Su disponibilidad influye en el crecimiento, el tamaño de las hojas y el color verde intenso característico de las plantas.

El fósforo (P) desempeña un papel crucial en la transferencia de energía celular, la síntesis de ATP[2] y la formación de moléculas como el ADN[3] y el ARN[4]. Además, es esencial para el desarrollo de raíces fuertes, floración, fructificación y resistencia a enfermedades. El fósforo también facilita la transferencia de nutrientes dentro de la planta y ayuda a mejorar la eficiencia del uso del agua.

El potasio (K) es fundamental para el transporte de agua y nutrientes dentro de la planta, así como para la regulación de la apertura y cierre de los estomas, lo que influye en la transpiración y la fotosíntesis[5]. Además, el potasio contribuye a la síntesis de proteínas y carbohidratos, aumenta la resistencia a enfermedades y estrés, y mejora la calidad de los frutos y semillas. Su deficiencia puede provocar síntomas como hojas amarillentas, márgenes secos y debilidad en la estructura de la planta.

2. El ATP o adenosín trifosfato es una molécula que brinda la energía necesaria para posibilitar determinadas reacciones químicas en las células.
3. El ADN o ácido desoxirribonucleico es una molécula que contienen las instrucciones genéticas para el desarrollo y funcionamiento de las células, responsable de la transmisión de la información hereditaria. 4. El ARN o ácido ribonucleico es una molécula involucrada en la síntesis proteica,

regulando la expresión genética y actividad catalítica en las células. **5.** *La fotosíntesis es el proceso mediante el cual las plantas capturan la energía solar y la convierten en energía química, produciendo glucosa y liberando oxígeno.*

Nitrógeno (N)

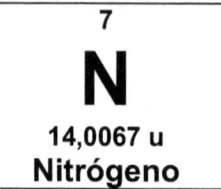

Elemento	Forma de absorción	Expresado en el fertilizante
Nitrógeno (N)	NH^{4+}, NO_3^-	N

Tabla. 1. Nitrógeno. Formas de absorción y expresión química en los fertilizantes.

El nitrógeno es fundamental para el crecimiento vegetal, ya que es un componente clave de las proteínas[6], enzimas[7] y ácidos nucleicos[8]. Su importancia para el crecimiento vegetal es fundamental para la formación de proteínas siendo este un componente básico de los aminoácidos, los cuales son los bloques de construcción de las proteínas. Estas son esenciales para prácticamente todos los aspectos de la estructura y la función celular en las plantas.

El nitrógeno es importante para síntesis de ácidos nucleicos, como el ADN y el ARN, que contienen nitrógeno en su estructura. Estos ácidos son responsables del almacenamiento y la transmisión de la información genética.

Además, es un componente de la clorofila, el pigmento responsable de la fotosíntesis.

El metabolismo energético requiere del nitrógeno, el cual está presente en varias coenzimas y compuestos que participan en este, incluyendo la producción de ATP. El nitrógeno se requiere para el crecimiento y desarrollo de los tejidos vegetales, incluyendo raíces, tallos, hojas, flores y frutos. También es esencial para la formación de orgánulos celulares como las mitocondrias y los cloroplastos.

Las plantas pueden absorber nitrógeno principalmente en forma de nitrato (NO_3^-) y amonio (NH_4^+). Estas formas de nitrógeno provienen de diversas fuentes, como lo son los nitratos del suelo, los cuales se forman a partir de la descomposición de materia orgánica, la mineralización de compuestos nitrogenados en el suelo y la actividad de microorganismos fijadores de nitrógeno. Las plantas absorben nitratos a través de sus raíces y los convierten en compuestos orgánicos como aminoácidos y proteínas para su aprovechamiento.

Algunos de los fertilizantes inorgánicos nitrogenados, son el nitrato de amonio, el fosfato de amonio, el sulfato de amonio y la urea, que son utilizados en la agricultura para proporcionar nitrógeno a las plantas. Estos fertilizantes pueden ser aplicados al suelo o al follaje de las plantas para satisfacer sus necesidades nutricionales.

6. Las proteínas son macromoléculas formadas por cadenas lineales de aminoácidos, que realizan funciones celulares como regulación metabólica, estructural, defensiva, de transporte, de reserva y almacenamiento, entre otras. 7. Las enzimas son proteínas complejas que aceleran la velocidad de una reacción metabólica específica en la célula. 8. Los ácidos nucleicos son biomoléculas grandes que cumplen una función importante implicada en el almacenamiento y la expresión de información genómica.

Fósforo (P)

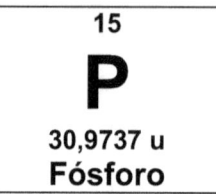

Elemento	Forma de absorción	Expresado en el fertilizante
Fósforo (P)	$H_2PO_4^-$, HPO_4^{2-}	P_2O_5

Tabla. 2. Fósforo. Formas de absorción y expresión química en los fertilizantes.

Otro elemento crucial para el crecimiento y desarrollo de las plantas es el fósforo (P), que forma parte de los macronutrientes esenciales para las plantas, desempeñando un papel fundamental en una variedad de procesos metabólicos y fisiológicos.

El fósforo es esencial debido a que se requiere para la formación de la molécula de adenosín trifosfato (ATP), la principal fuente de energía celular. La síntesis de ATP durante la respiración celular y la fotosíntesis requiere la transferencia de grupos fosfato, lo que subraya la importancia del fósforo en el metabolismo energético de las plantas.

El fósforo es necesario para la síntesis de ácidos nucleicos, como el ADN y el ARN, que contienen enlaces fosfodiéster en sus cadenas. Estos ácidos nucleicos son responsables del almacenamiento y la transmisión de la información genética en las células vegetales. El fósforo es esencial para la formación y estabilidad de las membranas celulares, así como para la regulación del transporte de nutrientes y metabolitos a través de estas.

Es importante para el desarrollo de raíces sanas y sistemas radiculares fuertes en las plantas. También juega un papel crucial en la formación de flores y semillas, así como en la transición de la fase vegetativa a la fase reproductiva en el ciclo de vida de las plantas. Muchas enzimas importantes para el metabolismo de las plantas requieren la presencia de fosfato para su actividad.

Las plantas pueden obtener fósforo principalmente en forma de fosfato dihidrogenado ($H_2PO_4^-$) y fosfato monohidrogenado (HPO_4^{2-}). Las fuentes de fósforo incluyen: Los minerales de fosfato, como la apatita, son la principal fuente de fósforo en los suelos. Las plantas pueden absorber fosfato del suelo a través de sus raíces y utilizarlo para su crecimiento y desarrollo.

Los fertilizantes inorgánicos fosfatados, como el fosfato de calcio, el fosfato diamónico y el fosfato monoamónico, son utilizados en la agricultura para proporcionar fósforo a las plantas. Estos fertilizantes se aplican al suelo o al follaje de las plantas para satisfacer sus necesidades nutricionales, especialmente en suelos deficientes en fósforo. Pequeñas cantidades de fosfato también pueden estar presentes en fuentes de agua. Estas formas de fosfato pueden ser absorbidas por las raíces de las plantas cuando se riegan, contribuyendo a su nutrición.

Potasio (K)

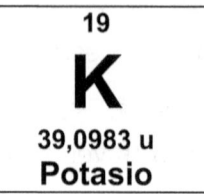

Elemento	Forma de absorción	Expresado en el fertilizante
Potasio (K)	K^+	K_2O

Tabla. 3. Potasio. Formas de absorción y expresión química en los fertilizantes.

El potasio es otro elemento esencial para el crecimiento y desarrollo de las plantas, junto con el nitrógeno y el fósforo, son necesarios en grandes cantidades para el buen funcionamiento de los procesos metabólicos y fisiológicos de las plantas. El potasio desempeña múltiples funciones vitales en las plantas y es esencial para mantener el equilibrio osmótico[9] de las células vegetales. Regula la apertura y cierre de los estomas[10], afecta la turgencia celular, la absorción de agua y la resistencia al estrés hídrico.

Es un cofactor para muchas enzimas involucradas en la síntesis de proteínas, la fotosíntesis, la respiración y la metabolización de carbohidratos. Facilita el transporte de otros nutrientes dentro de la planta, incluyendo el movimiento de agua y nutrientes a través de la membrana celular. Esto asegura una distribución equilibrada de nutrientes.

El potasio fortalece la pared celular de las plantas, aumentando su resistencia a enfermedades, plagas y condiciones ambientales adversas como la sequía, el frío y la salinidad del suelo. Mejora la capacidad de las plantas para recuperarse del estrés, mantener su vigor y productividad. Además de influir en la calidad de los frutos al afectar su sabor, tamaño, color, textura y contenido de azúcares. Contribuye a la acumulación de azúcares en los frutos, lo que mejora su sabor y valor comercial. También influye en la firmeza de los tejidos y la prevención de trastornos fisiológicos como la necrosis apical.

Las plantas pueden obtener potasio principalmente en forma de iones de potasio (K+) de diversas fuentes inorgánicas. En el suelo en forma de minerales, como la mica, el feldespato y la arcilla. Los minerales de potasio se descomponen lentamente con el tiempo, liberando iones de potasio disponibles para las plantas. Sin embargo, la disponibilidad de potasio en el suelo puede variar por las condiciones de pH.

Los fertilizantes potásicos, como el cloruro de potasio, el hidróxido de potasio, el sulfato de potasio y el nitrato de potasio, son utilizados en la agricultura para suministrar potasio a las plantas. Estos fertilizantes se aplican al suelo o al follaje de las plantas para corregir deficiencias de potasio.

9. El equilibrio osmótico en las plantas es el proceso por el que la planta se adapta a situaciones de estrés hídrico, como sequías, bajas temperaturas o salinidad. Durante este proceso, la planta acumula sustancias para nutrirse en periodos de carencia. 10. Los estomas son unas estructuras porosas en las hojas que regulan el intercambio de gases e hídrico con la atmósfera.

Micronutrientes

Además de los macronutrientes, las plantas también necesitan una serie de micronutrientes, como hierro, zinc, manganeso, magnesio, cobre, molibdeno, silicio, azufre, calcio y boro, que desempeñan funciones específicas en procesos metabólicos y enzimáticos.

El término "micronutrientes" se utiliza para describir estos elementos debido a la cantidad relativamente pequeña en la que se requieren en comparación con los macronutrientes, pero su importancia para el crecimiento y desarrollo de las plantas sigue siendo fundamental. La deficiencia o el exceso de cualquiera de estos micronutrientes puede tener efectos negativos en la salud y productividad de las plantas, lo que destaca la importancia de mantener un equilibrio adecuado de nutrientes en el suelo para promover el crecimiento óptimo de las plantas.

Entre los más importantes se encuentran el hierro (Fe), zinc (Zn), manganeso (Mn), magnesio (Mg), cobre (Cu), molibdeno (Mo), silicio (Si), azufre (S), calcio (Ca) y boro (B), cada uno con roles específicos en el metabolismo y funciones fisiológicas en las plantas.

El hierro (Fe) es crucial para la síntesis de clorofila[11] y, por lo tanto, para la fotosíntesis. Además, participa en la formación de enzimas que están involucradas en procesos metabólicos importantes, como la respiración celular y la fijación de nitrógeno.

El zinc (Zn) es un cofactor de muchas enzimas que participan en procesos metabólicos clave, como la síntesis de proteínas, la regulación del crecimiento y la defensa contra el estrés oxidativo. Además, el zinc influye en la formación de hormonas de crecimiento vegetal y en la síntesis de clorofila.

El manganeso (Mn) es esencial para la fotosíntesis, ya que actúa como cofactor de diversas enzimas que participan en la producción de oxígeno durante la fase luminosa de la fotosíntesis. También desempeña un papel en la activación de enzimas que protegen a las plantas del estrés oxidativo.

El magnesio (Mg) es un componente central de la clorofila, por lo que es esencial para la fotosíntesis y, en consecuencia, para la producción de carbohidratos y otras biomoléculas. Además, el magnesio es necesario para la activación de numerosas enzimas y para el transporte de fosfato en la planta.

El cobre (Cu) es un componente esencial de varias enzimas involucradas en la fotosíntesis, la respiración celular y la síntesis de lignina, un componente importante de las paredes celulares que proporciona soporte estructural a las plantas.

El molibdeno (Mo) es necesario para la fijación de nitrógeno atmosférico por parte de ciertas bacterias simbióticas[12] en las raíces de las plantas leguminosas. Además, el molibdeno es un cofactor de enzimas que participan en la conversión de nitratos en amonio, un proceso esencial en el metabolismo del nitrógeno.

Aunque no se considera un micronutriente esencial, el silicio (Si) desempeña varios roles beneficiosos en las plantas.

Fortalece las paredes celulares, aumenta la resistencia de las plantas a enfermedades y plagas. Además, mejora la tolerancia al estrés abiótico, como la salinidad y la sequía.

El azufre (S) es un componente importante de aminoácidos, proteínas y vitaminas, así como de compuestos que regulan el pH del suelo. Participa en la síntesis de cisteína y metionina, dos aminoácidos esenciales para la formación de proteínas. La deficiencia de azufre puede causar clorosis en las hojas más jóvenes y afectar negativamente el rendimiento de las plantas.

El calcio (Ca) es un componente estructural de las paredes celulares y juega un papel crucial en la división celular, la formación de raíces y la transducción de señales. Además, contribuye a la estabilidad de las membranas celulares y a la regulación del flujo de nutrientes.

El boro (B) es esencial para la síntesis y estabilidad de las paredes celulares, así como para la división celular y el transporte de carbohidratos. Además, el boro participa en la regulación de la absorción de otros nutrientes y en la actividad de varias enzimas.

11. La clorofila es una biomolécula indispensable en la fotosíntesis, involucrada en almacenar energía a partir de la luz solar en plantas y algas.
12. La simbiosis es una interacción biológica o asociación íntima de organismos de especies diferentes para beneficiarse mutuamente o no en su desarrollo vital.

Hierro (Fe)

Elemento	Forma de absorción	Expresado en el fertilizante
Hierro (Fe)	Fe^{2+}	Fe

Tabla. 4. Hierro. Formas de absorción y expresión química en los fertilizantes.

El hierro es un elemento crucial para el crecimiento y desarrollo saludable de las plantas, desempeñando un papel vital en una variedad de procesos metabólicos y enzimáticos. Su importancia radica en su participación en la fotosíntesis, la síntesis de clorofila, la respiración celular y la fijación de nitrógeno, entre otros procesos fundamentales para la vida vegetal. La disponibilidad de este nutriente para las plantas puede ser limitada debido a su baja solubilidad en condiciones de pH neutro o alcalino, lo que lo convierte en uno de los micronutrientes más comúnmente deficientes en los suelos agrícolas.

Las plantas obtienen hierro principalmente del suelo a través de sus raíces en forma de iones férricos (Fe^{3+}) o ferrosos (Fe^{2+}). Sin embargo, la solubilidad del hierro en el suelo está influenciada por varios factores, incluida la acidez del suelo, la presencia de otros elementos y compuestos, y la actividad microbiana. En suelos alcalinos o con pH elevado, el hierro tiende a precipitar y volverse inaccesible para las plantas, lo que puede resultar en deficiencias nutricionales y una disminución en el rendimiento de los cultivos.

Para contrarrestar la deficiencia de hierro en las plantas, se suelen aplicar fertilizantes que contienen este micronutriente. Las fuentes comunes de hierro incluyen sulfato ferroso, quelatos de hierro (como el EDTA[13], DTPA[14] y EDDHA[15]), sulfato férrico, y óxido férrico. Estos compuestos son solubles en agua lo que permite una absorción eficiente por parte de las plantas. Por otro lado, también se puede obtener hierro de fuentes como residuos de plantas y animales, como estiércol, compost, turba, y extractos animales.

13. *Complejo coordinado formado por iones férricos y EDTA (ácido etilendiaminotetraacético), como agente quelante.* *14.* *Complejo coordinado formado por iones férricos y DTPA (ácido dietilentriaminopentaacético), como agente quelante.* *15.* *Complejo coordinado formado por iones férricos y EDDHA (ácido N, N ' -etilendiamino-bisacético), como agente quelante.*

Zinc (Zn)

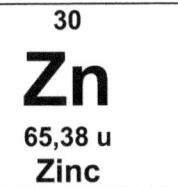

Elemento	Forma de absorción	Expresado en el fertilizante
Zinc (Zn)	Zn^{2+}	Zn

Tabla. 5. Zinc. Formas de absorción y expresión química en los fertilizantes.

El zinc es otro micronutriente esencial para el crecimiento y desarrollo saludable de las plantas. El zinc es necesario para procesos como la fotosíntesis, la síntesis de proteínas, la regulación del crecimiento, la división celular, la formación de hormonas vegetales y la resistencia a enfermedades y estrés abiótico[16]. Su importancia radica en su participación en la activación de enzimas clave y la estabilización de proteínas estructurales, lo que influye directamente en la salud y el rendimiento de las plantas.

Aunque el zinc está presente en la mayoría de los suelos en cantidades adecuadas para el crecimiento de las plantas, su disponibilidad puede verse comprometida debido a factores como el pH del suelo, la competencia con otros cationes, la textura del suelo y la actividad microbiana. En suelos alcalinos, el zinc tiende a volverse menos disponible para las plantas debido a que precipita, lo que puede llevar a deficiencias nutricionales y síntomas visibles de clorosis[17], necrosis[18] y retraso en el crecimiento.

Para corregir las deficiencias de zinc en las plantas, se recurre a la aplicación de fertilizantes que contienen este micronutriente. Las fuentes comunes de zinc incluyen sulfato de zinc, cloruro de zinc, óxido de zinc y quelatos de zinc, que son solubles en agua en diferentes proporciones y pueden aportar zinc disponible para las plantas.

16. El estrés abiótico es aquél que está causado por factores externos no biológicos, como las lluvias, altas o bajas temperaturas, sequía, viento, salinidad, problemas de suelo, productos químicos, etc. 17. La clorosis es una condición fisiológica anormal en las plantas que se produce cuando el follaje no produce suficiente clorofila. Las hojas no tienen el color verde normal, sino un verde pálido, amarillo o amarillo blanquecino. 18. La necrosis en las plantas es un síntoma de enfermedad que se caracteriza por la muerte prematura de las células de un tejido u órgano, está es causada por factores externos a la planta, tales como la infección por un patógeno, toxinas, trauma o deficiencias nutricionales.

Manganeso (Mn)

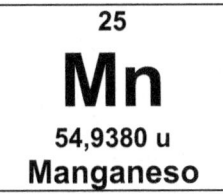

Elemento	Forma de absorción	Expresado en el fertilizante
Manganeso (Mn)	Mn^{2+}	Mn

Tabla. 6. Manganeso. Formas de absorción y expresión química en los fertilizantes.

El manganeso es otro micronutriente esencial para el crecimiento y desarrollo saludable de las plantas, desempeñando un papel fundamental en el metabolismo. Participa en la fotosíntesis, la respiración celular, la asimilación de nitrógeno y la protección contra el estrés oxidativo[19]. Además, se usa como cofactor[20] de varias enzimas, el manganeso ayuda en la descomposición de los compuestos orgánicos, la síntesis de clorofila y la activación de enzimas antioxidantes que protegen a las plantas del daño causado por especies reactivas de oxígeno.

Aunque el manganeso está presente en la mayoría de los suelos su disponibilidad puede verse afectada por factores como el pH del suelo, la presencia de otros elementos y compuestos, la textura del suelo y la actividad microbiana. En suelos alcalinos la disponibilidad de manganeso tiende a disminuir, lo que puede resultar en deficiencias nutricionales.

Para corregir las deficiencias de manganeso en las plantas, se suele recurrir a la aplicación de fertilizantes que contienen este micronutriente. Las fuentes comunes de manganeso incluyen sulfato de manganeso, óxido de manganeso y quelatos de manganeso, que contienen formas solubles, y aportan manganeso disponible para las plantas.

19. El estrés oxidativo es el efecto tóxico provocado por especies químicas altamente reactivas producidas durante la reducción del oxígeno molecular (O2), y este es causado por factores bióticos. (patógenos como: virus, bacterias y hongos) y abióticos (alta intensidad de luz, radiación UV o traumas). 20. Un cofactor enzimático es un compuesto químico no proteico o un ion metálico que es necesario para la actividad de una enzima como catalizador.

Magnesio (Mg)

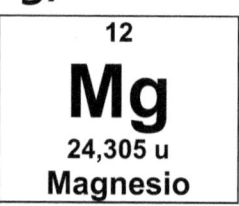

Elemento	Forma de absorción	Expresado en el fertilizante
Magnesio (Mg)	Mg^{2+}	MgO

Tabla. 7. Magnesio. Formas de absorción y expresión química en los fertilizantes.

El magnesio es un elemento esencial para el crecimiento y el desarrollo de las plantas. Este micronutriente es fundamental para la síntesis de clorofila, el transporte de fosfatos y la activación de numerosas enzimas, lo que lo convierte en un componente esencial en la fotosíntesis, la respiración celular, la producción de energía y la asimilación de nutrientes.

La importancia del magnesio para las plantas se refleja en su influencia directa en la formación y el mantenimiento de la estructura y el color de las hojas, así como en la producción de frutas y semillas de alta calidad.

El magnesio está presente en el suelo en forma de cationes divalentes (Mg^{2+}) y se encuentra en una amplia gama de minerales y compuestos, incluidos carbonatos[21], silicatos[22], sulfatos[23] y óxidos[24].

En suelos ácidos o arenosos, la disponibilidad de magnesio tiende a ser mayor, mientras que, en suelos alcalinos o arcillosos, puede haber deficiencias de magnesio debido a su competencia con otros cationes como el calcio y el potasio.

Para corregir las deficiencias de magnesio en las plantas, se suele recurrir a la aplicación de fertilizantes que contienen este micronutriente. Las fuentes comunes de magnesio incluyen sulfato de magnesio (también conocido como sal de Epsom), óxido de magnesio y cloruro de magnesio, que aportan magnesio disponible en formas solubles, para una absorción eficiente por parte de las plantas.

21. Los carbonatos son sales que tienen en común el anión CO_3^{2-} y se derivan del ácido carbónico H_2CO_3. 22. Los silicatos son las sales del ácido silícico están constituidos por una unidad estructural común, un tetraedro de coordinación Si-O. **23.** Los sulfatos son las sales o los ésteres provenientes del ácido sulfúrico. Contienen como unidad común un átomo de azufre en el centro de un tetraedro con cuatro átomos de oxígeno ocupando los vértices. **24.** Un óxido o anhídrido es un compuesto químico que contiene uno o varios átomos de oxígeno, presentando el oxígeno un estado de oxidación -2, y otros elementos.

Cobre (Cu)

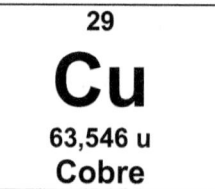

Elemento	Forma de absorción	Expresado en el fertilizante
Cobre (Cu)	Cu^{2+}	Cu

Tabla. 8. Cobre. Formas de absorción y expresión química en los fertilizantes.

El cobre (Cu) es un micronutriente esencial para el crecimiento y desarrollo de las plantas. Aunque se necesita en cantidades relativamente pequeñas, su papel es vital en una variedad de procesos fisiológicos y metabólicos que aseguran la salud de las plantas. Es un componente esencial de las enzimas que participan en la síntesis de clorofila.

El cobre también es necesario para la actividad de las enzimas involucradas en la respiración celular, un proceso en el cual las plantas liberan energía almacenada en los carbohidratos para su uso. Actúa como cofactor en la activación de varias enzimas esenciales para el metabolismo de las plantas. Estas enzimas participan en la síntesis de compuestos importantes como lignina[25] y antioxidantes[26], que contribuyen en la desintoxicación de radicales libres.

El cobre juega un papel crucial en la asimilación de nitrógeno, el cual, es un proceso fundamental para la síntesis de proteínas y otros compuestos nitrogenados necesarios para el crecimiento y desarrollo vegetal. Además, es importante en procesos metabólicos, contribuye a la fortaleza y resistencia de los tejidos vegetales. Se ha observado que el cobre tiene propiedades antimicrobianas y antifúngicas, lo que lo convierte en una herramienta importante en la protección de las plantas contra enfermedades causadas por bacterias y hongos.

Entre las fuentes de cobre, el sulfato de cobre es utilizado comúnmente en la agricultura. Se puede aplicar al suelo o al follaje de las plantas para corregir deficiencias y prevenir enfermedades fúngicas. El óxido de cobre es otra forma de cobre que se utiliza en la agricultura. El carbonato de cobre es una forma menos soluble de cobre que se utiliza principalmente como fungicida.

25. La lignina es un heteropolímero que forma parte de la pared celular del tejido vascular de las plantas, provee rigidez estructural, así como resistencia a la tensión y presión hídrica; además, confiere soporte a células especializadas en sostén y almacenamiento. 26. Un antioxidante es una molécula capaz de retardar o prevenir la oxidación de otras moléculas.

Molibdeno (Mo)

Elemento	Forma de absorción	Expresado en el fertilizante
Molibdeno (Mo)	MoO_4^{2-}	Mo

Tabla. 9. Molibdeno. Formas de absorción y expresión química en los fertilizantes.

El molibdeno (Mo) es un micronutriente esencial, aunque se necesita en cantidades muy pequeñas, su presencia es vital para una variedad de procesos metabólicos y fisiológicos que aseguran la salud y el rendimiento óptimo de las plantas. Una de las funciones más importantes del molibdeno en las plantas es su papel como componente activo de la enzima nitrogenasa, que es esencial para la fijación biológica de nitrógeno.

El molibdeno también participa en el metabolismo del azufre en las plantas, actuando como cofactor de varias enzimas involucradas en la síntesis de aminoácidos azufrados, como la cisteína[27] y la metionina[28]. Estos aminoácidos son componentes esenciales de las proteínas y también juegan roles importantes en la síntesis de compuestos antioxidantes y reguladores del crecimiento. El molibdeno también actúa como cofactor de otras enzimas involucradas en una variedad de procesos metabólicos, incluyendo la respiración celular, la asimilación de carbono y la desintoxicación de radicales libres.

El molibdeno es necesario para la síntesis de ARN. Se ha sugerido que el molibdeno puede desempeñar un papel en la resistencia de las plantas al estrés abiótico, como la salinidad, la sequía y las altas temperaturas. Algunos estudios han demostrado que la aplicación exógena de molibdeno puede mejorar la tolerancia de las plantas a condiciones de estrés.

Las fuentes que se utilizan son el molibdato de sodio y molibdato de amonio que son las formas más comunes de molibdeno utilizada en la agricultura. Se puede aplicar al suelo o al follaje de las plantas en forma de solución para corregir deficiencias y promover la fijación de nitrógeno en leguminosas. La molibdenita es un mineral de molibdeno que se encuentra naturalmente en el suelo en ciertas regiones del mundo. Aunque las plantas no pueden absorber directamente el molibdeno de la molibdenita, la descomposición de este mineral puede liberar molibdeno soluble que las plantas pueden absorber.

27. La cisteína es una molécula que contiene azufre reducido y ocupa una posición central en el metabolismo debido a sus funciones bioquímicas, es precursora de numerosos metabolitos azufrados necesarios para el desarrollo, tales como moléculas antioxidantes como el glutatión, entre otras. 28. La metionina, está presente en proteínas estructurales; además está involucrada en múltiples reacciones de defensa de la planta, por ejemplo, la biosíntesis de la hormona etileno o el metabolismo de glucosa para obtener energía.

Silicio (Si)

Elemento	Forma de absorción	Expresado en el fertilizante
Silicio (Si)	Si(OH)$_4$	Si

Tabla. 10. Silicio. Formas de absorción y expresión química en los fertilizantes.

El silicio (Si) es un elemento que desempeña un papel importante en el crecimiento y desarrollo de las plantas, aunque tradicionalmente no se considera un nutriente esencial, se ha demostrado que la presencia de silicio en las plantas mejora su resistencia a diversos tipos de estrés biótico y abiótico.

El silicio se deposita en las paredes celulares de las plantas en forma de fitolitos**29**, que son cristales de sílice. Estos fitolitos refuerzan las paredes celulares, haciéndolas más rígidas y resistentes. Como resultado, las plantas tienen una mejor capacidad para soportar el peso de sus estructuras, como tallos y hojas, y son menos susceptibles al daño mecánico.

La presencia de silicio en las plantas puede reducir su vulnerabilidad a plagas y enfermedades. Se ha observado que las plantas tratadas con silicio tienen una menor incidencia de enfermedades fúngicas, como el mildiú polvoriento[30] y la roya[31]. Además, el silicio puede actuar como una barrera física contra la penetración de patógenos en las células vegetales.

El silicio mejora la tolerancia de las plantas a condiciones adversas como la sequía, la salinidad, las altas temperaturas y la toxicidad por metales pesados. Se cree que esto se debe en parte a la capacidad del silicio para regular el balance hídrico de las plantas y mejorar la eficiencia en el uso del agua.

Las fuentes como el silicato de potasio y el silicato de sodio son materiales comunes que aportan silicio utilizados en la agricultura. Estos compuestos se pueden aplicar al suelo o al follaje de las plantas para aumentar los niveles de silicio disponible.

La arena y la piedra triturada son fuentes naturales de silicio que pueden añadirse al suelo para aumentar su contenido de este elemento. Sin embargo, la disponibilidad de silicio en forma de arena y piedra triturada es limitada, ya que estos materiales contienen principalmente sílice amorfo, que es menos soluble que los silicatos.

29. Los fitolitos son microrrestos de sílice amorfa hidratada que se forman en los tejidos vegetales cuando las plantas absorben silicio del suelo en forma de ácido mono-orto-silicio. Estos otorgan rigidez a los tejidos y actúan como una barrera física contra patógenos, insectos y herbívoros. Además, reducen la pérdida de agua. 30. El mildiú polvoriento, conocido como cenicilla, es una enfermedad fúngica cuyo agente causal son distintas especies de hongos tales como Erysiphe, Podosphaera, Oïdium, Leveillula. Los síntomas son colonias blancas y algodonosas mayormente en el haz de las hojas. 31. La roya es una enfermedad fúngica común que afecta a todas las plantas. Se caracteriza por la aparición de manchas de color rojizo a naranja, en las hojas y tallos infectados. La roya también puede provocar la aparición de puntos brillantes de color amarillo, marrón, naranja o rojo sobre hojas, tallos, flores y frutos.

Azufre (S)

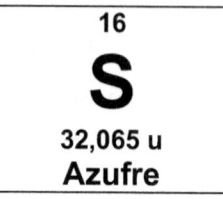

Elemento	Forma de absorción	Expresado en el fertilizante
Azufre (S)	SO_4^-	S

Tabla. 11. Azufre. Formas de absorción y expresión química en los fertilizantes.

El azufre (S) es un nutriente esencial, aunque se necesita en cantidades relativamente pequeñas en comparación con otros nutrientes.

El azufre también es necesario para la síntesis de ciertas vitaminas, como la biotina y la tiamina, que son importantes para el metabolismo de las plantas. Además, el azufre está presente en varias coenzimas que participan en reacciones químicas clave en la célula. Es un componente de compuestos esenciales para la función y estructura de las plantas, como la clorofila y el glutatión, un antioxidante importante que protege a las células vegetales del daño oxidativo.

El azufre contribuye a la regulación del pH del suelo, ya que puede actuar como un tampón para neutralizar la acidez del suelo, esto es importante para mantener un entorno óptimo en el desarrollo de las plantas y asegurar la disponibilidad de otros nutrientes.

Las fuentes de azufre son el óxido de azufre y los sulfatos que son utilizados en la agricultura. Se pueden aplicar al suelo como fertilizante para corregir deficiencias de azufre y proporcionar aportes de otros elementos a las plantas al mismo tiempo.

Calcio (Ca)

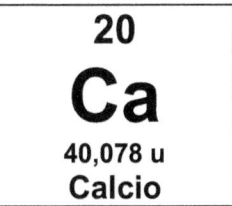

Elemento	Forma de absorción	Expresado en el fertilizante
Calcio (Ca)	Ca^{2+}	CaO

Tabla. 12. Calcio. Formas de absorción y expresión química en los fertilizantes.

El calcio es un elemento esencial para el crecimiento y desarrollo saludable de las plantas. Su importancia radica en su participación en la formación de la pared celular, la regulación de la permeabilidad de las membranas celulares, la activación de enzimas y la neutralización de ácidos orgánicos en las células vegetales. Además, el calcio es esencial para mantener la integridad estructural de las plantas y para la transmisión adecuada de señales bioquímicas que regulan el crecimiento y la respuesta al estrés.

Uno de los roles más destacados del calcio en las plantas es su contribución a la formación y fortalecimiento de la pared celular. La pectina**32**, un componente importante de la matriz de la pared celular requiere la presencia de calcio para su correcta unión y gelificación. La gelificación de la pectina es crucial para la estabilidad estructural de la pared celular, proporcionando soporte y protección a las células vegetales. Además, el calcio ayuda a mantener la integridad de las membranas celulares y a regular el flujo de agua y nutrientes dentro de las células.

El calcio es esencial para la función adecuada de numerosas enzimas, la síntesis de proteínas, la activación de hormonas vegetales y la señalización intracelular. Las enzimas que requieren calcio como cofactor incluyen aquellas involucradas en la descomposición de carbohidratos y la producción de energía, así como en la defensa contra patógenos y el estrés oxidativo. Por lo tanto, la disponibilidad de calcio en las plantas es crucial para su metabolismo y para su capacidad para adaptarse a cambios ambientales y bióticos.

Las deficiencias de calcio en las plantas pueden manifestarse de diversas formas, incluida la deformación de las hojas, la necrosis de los extremos de las hojas, así como, la podredumbre apical en frutas y hortalizas. Estos síntomas pueden ser especialmente evidentes en cultivos sensibles como el tomate, el pimiento, la lechuga y el brócoli, donde el calcio es fundamental para el desarrollo adecuado de las estructuras vegetativas y reproductivas.

Para corregir las deficiencias de calcio en las plantas, se suelen recurrir a la aplicación de fertilizantes que contienen este nutriente. Las fuentes comunes de calcio incluyen carbonato de calcio, sulfato de calcio (yeso agrícola) y cloruro de calcio.

32. La pectina compone parte de la pared celular de las plantas y actúa como gel, ayudando a dar soporte y rigidez a los órganos vegetales. La pectina es un tipo de heteropolisacárido, una mezcla de polímeros muy ramificados que en presencia de agua se gelifican. Es el principal componente de la lámina media de la pared celular y constituye el 30 % del peso seco de la pared celular primaria de células vegetales. En los frutos, la pectina ayuda a mantener unidas las paredes de las células adyacentes. Los frutos inmaduros contienen la sustancia precursora protopectina, que se convierte en pectina y se vuelve más soluble en agua a medida que avanza la maduración.

Boro (B)

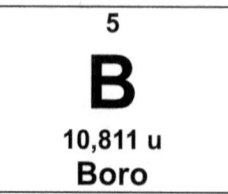

Elemento	Forma de absorción	Expresado en el fertilizante
Boro (B)	$B_4O_7^{2-}$, $H_2BO_3^-$	B

Tabla. 13. Boro. Formas de absorción y expresión química en los fertilizantes.

El boro (B) es un micronutriente esencial, necesario en cantidades muy pequeñas, a pesar de su baja concentración en los tejidos vegetales, el boro desempeña una serie de funciones vitales en las plantas.

Es esencial para la síntesis y estabilidad de las paredes celulares de las plantas. Participa en la formación de pectinas. La presencia adecuada de boro asegura la integridad y resistencia de las paredes celulares, lo que permite el crecimiento y la expansión de los tejidos vegetales.

El boro es necesario para la división y diferenciación celular adecuadas en las plantas. Participa en la regulación de la actividad de ciertas enzimas que controlan el proceso de división celular, así como en la síntesis de compuestos que determinan la identidad y función de diferentes tipos celulares. Una disponibilidad adecuada de boro garantiza un desarrollo normal de los tejidos y órganos vegetales.

Tiene un papel importante en el transporte de carbohidratos a través de las membranas celulares. Ayuda a regular la actividad de las enzimas involucradas en la metabolización y movilización de carbohidratos, lo que es fundamental para el crecimiento y desarrollo de las plantas.

El boro es necesario para la polinización y la formación de semillas en las plantas. Además, el boro es esencial para la formación y desarrollo de los tejidos reproductivos, lo que influye en la viabilidad y calidad de las semillas producidas.

Las fuentes inorgánicas comprenden el borato de sodio, también conocido como bórax, es una fuente común de boro utilizada en la agricultura. Se puede aplicar al suelo o al follaje de las plantas para corregir deficiencias de boro y promover un crecimiento saludable. El ácido bórico es otra forma inorgánica de boro que se utiliza en la agricultura. Se puede aplicar al suelo o al follaje de las plantas en forma de solución para proporcionar boro disponible para las plantas.

Capítulo 3

El suelo y la importancia en la nutrición vegetal

El suelo es uno de los componentes fundamentales para el crecimiento y desarrollo de las plantas, ya que proporcionan un sustrato vital para el soporte físico, la absorción de agua y nutrientes, así como el medio para la interacción con microorganismos beneficiosos. En el proceso de fertilización de las plantas, los suelos juegan un papel crucial al proporcionar y retener los nutrientes esenciales necesarios para el crecimiento óptimo de las plantas.

El suelo es un complejo sistema dinámico compuesto por minerales, materia orgánica, agua, aire y organismos vivos. Cada uno de estos componentes desempeña un papel importante en la fertilidad del suelo y, en última instancia, en la salud y productividad de las plantas.

En términos de fertilización, los suelos actúan como un reservorio[33] de nutrientes esenciales. Estos nutrientes son absorbidos por las raíces de las plantas en formas disponibles, lo que les permite ser transportados a través del sistema vascular de la planta y utilizados en procesos metabólicos.

La textura del suelo, que se refiere a la proporción relativa de partículas de arena, limo y arcilla, influye en la capacidad del suelo para retener agua y nutrientes. Los suelos con una alta proporción de arcilla tienden a retener más agua y nutrientes, mientras que los suelos arenosos se drenan más rápidamente y retienen menos nutrientes. Esta capacidad de retención de nutrientes es crucial para la fertilización de las plantas, ya que garantiza que los nutrientes estén disponibles para las plantas durante períodos prolongados, incluso entre aplicaciones de fertilizantes.

La materia orgánica del suelo, que incluye materiales como restos de plantas, estiércol y otros residuos orgánicos, es una fuente importante de nutrientes para las plantas. A medida que la materia orgánica se descompone por la actividad de microorganismos en el suelo, libera nutrientes como nitrógeno, fósforo y potasio en formas disponibles para las plantas. La materia orgánica también mejora la estructura del suelo, aumentando su capacidad para retener agua y nutrientes, proporcionando un ambiente favorable para la actividad microbiana beneficiosa.

Los microorganismos del suelo, que incluyen bacterias, hongos, actinomicetos y otros organismos, desempeñan un papel crucial en la fertilización de las plantas al descomponer la materia orgánica, fijar nitrógeno atmosférico, solubilizar nutrientes inorgánicos y promover la disponibilidad de nutrientes para las plantas. La simbiosis entre las plantas y ciertos microorganismos, como las micorrizas, también mejora la absorción de nutrientes y la resistencia a enfermedades.

El pH34 del suelo, que indica su acidez35 o alcalinidad36, también influye en la disponibilidad de nutrientes para las plantas. La mayoría de las plantas prefieren un pH del suelo ligeramente ácido a neutro para un óptimo crecimiento y absorción de nutrientes.

Un pH del suelo fuera de este rango puede afectar la disponibilidad de ciertos nutrientes, incluso si están presentes en el suelo en cantidades adecuadas. Esta medida es fundamental para comprender cómo los nutrientes se comportan en el suelo y están disponibles para las plantas. El pH del suelo afecta directamente la capacidad de las plantas para absorber ciertos nutrientes, lo que a su vez influye en su crecimiento, desarrollo y salud.

El rango de pH del suelo varía de ácido (pH menor a 7), a neutro (pH 7) y alcalino o básico (pH mayor a 7). Cada nutriente tiene un rango específico de pH en el cual se encuentra más disponible. Cuando el pH del suelo se encuentra fuera de este rango óptimo, la disponibilidad de ciertos nutrientes puede verse afectada, lo que puede resultar en deficiencias nutricionales o toxicidad para las plantas.

Uno de los nutrientes más afectados por el pH del suelo es el nitrógeno. En suelos ácidos, el nitrógeno tiende a volatilizarse en forma de amoníaco gaseoso, lo que reduce su disponibilidad para las plantas.

Por otro lado, en suelos alcalinos, el nitrógeno tiende a convertirse en formas no disponibles para las plantas, como el nitrato, que es fácilmente lavado por el agua y se pierde del sistema radicular de la planta.

El fósforo es otro nutriente cuya disponibilidad está influenciada por el pH del suelo. En suelos ácidos, el fósforo tiende a precipitarse y formar compuestos insolubles que las plantas no pueden absorber. Por el contrario, en suelos alcalinos, el fósforo puede volverse menos disponible debido a la formación de complejos químicos con iones metálicos en el suelo.

La disponibilidad del potasio está estrechamente relacionada con el pH del suelo. En suelos ácidos, la disponibilidad de potasio puede verse reducida debido a la competencia con otros cationes como el aluminio y el hierro por los sitios de intercambio. En suelos alcalinos, el potasio puede volverse menos disponible debido a la fijación por arcillas de alta carga, lo que limita su absorción por parte de las plantas.

El calcio y el magnesio son nutrientes que también están influenciados por el pH del suelo. En suelos ácidos, la disponibilidad de calcio y magnesio puede aumentar debido a la reducción de la competencia con otros cationes. Sin embargo, en suelos alcalinos, la disponibilidad de estos nutrientes puede disminuir debido a la formación de compuestos insolubles.

Los micronutrientes, como el hierro, el manganeso, el zinc y el cobre, también son afectados por el pH. En suelos ácidos, la disponibilidad de micronutrientes puede aumentar debido a la liberación de iones metálicos del suelo. Sin embargo, en suelos alcalinos, la disponibilidad de micronutrientes puede disminuir debido a la formación de compuestos insolubles o la competencia con otros iones.

La acidez o alcalinidad del suelo también puede afectar la actividad microbiana, lo que a su vez puede influir en la disponibilidad de nutrientes para las plantas.

Muchos microorganismos beneficiosos del suelo, como las bacterias fijadoras de nitrógeno y los hongos micorrícicos, tienen requisitos específicos de pH para su crecimiento y actividad metabólica. Un pH del suelo fuera del rango óptimo puede inhibir la actividad de estos microorganismos, lo que afecta la disponibilidad de nutrientes para las plantas

La calidad del suelo, que se refiere a su capacidad para soportar el crecimiento de plantas sanas y productivas, es fundamental para el éxito de cualquier programa de fertilización. Los suelos de alta calidad tienen una estructura bien desarrollada, una buena capacidad de retención de agua y nutrientes, un equilibrio adecuado de pH y una abundante población de microorganismos beneficiosos.

Los rangos orientativos de los nutrientes en el suelo comprenden con el nitrógeno (N); en suelos este puede variar entre 0.1% y 2% de nitrógeno total. El nitrógeno disponible para las plantas puede variar, pero se considera óptimo entre 10 y 100 partes por millón (ppm) en el suelo. El fósforo (P) en suelos saludables suelen estar entre 10 y 50 ppm de fósforo disponible. El potasio (K) suele estar entre 100 y 400 ppm de potasio disponible.

El hierro (Fe) en suelos saludables deben encontrarse entre 2 y 10 ppm de hierro disponible. El zinc (Zn) debe estar en suelos entre 1 y 10 ppm de zinc disponible. El manganeso (Mn) esencial para la fotosíntesis, la respiración y la síntesis de clorofila en las plantas, este debe encontrarse en suelos entre 1 y 20 ppm de manganeso disponible. El magnesio (Mg) componente clave de la clorofila y es esencial para la fotosíntesis, en suelos saludables suelen estar entre 50 y 200 ppm de magnesio disponible.

El cobre (Cu) necesario para la formación de clorofila y la respiración celular en las plantas, en suelos saludables suelen encontrarse entre 0.2 y 2 ppm de cobre disponible. El molibdeno (Mo) en suelos saludables suelen estar entre 0.02 y 2 ppm de molibdeno disponible. El silicio (Si) en los suelos debe estar entre 10,000 y 100,000 ppm de silicio. El azufre (S) esencial para la síntesis de proteínas y la formación de aminoácidos, en suelos suelen estar entre 5 y 50 ppm de azufre disponible.

El calcio (Ca) necesario para la formación de paredes celulares y el crecimiento de las plantas, en suelos el valor normal esta entre 1000 y 5000 ppm de calcio disponible. El boro (B) esencial para el transporte de carbohidratos y la formación de tejidos vegetales, en suelos saludables suelen tener entre 0.5 y 5 ppm de boro disponible.

A continuación, se muestra en la tabla 14, el rango de pH donde los elementos se encuentran en sus formas de absorción para las plantas.

33. Un reservorio es un lugar o zona que actúa como almacén de nutrientes, microorganismos, etc, donde estos pueden estar por un tiempo prolongado de forma viable. 34. El pH es una medida de la acidez o basicidad de una solución. El pH es la concentración de iones o cationes hidrógeno [H+] presentes en determinada sustancia. 35. Un pH ácido es debido a que una solución o medio tiene una alta concentración de iones hidrógeno [H+] mayor que la del agua pura. 36. Un pH alcalino es debido a que una solución o medio tiene una concentración menor de iones hidrógeno [H+] que la del agua pura.

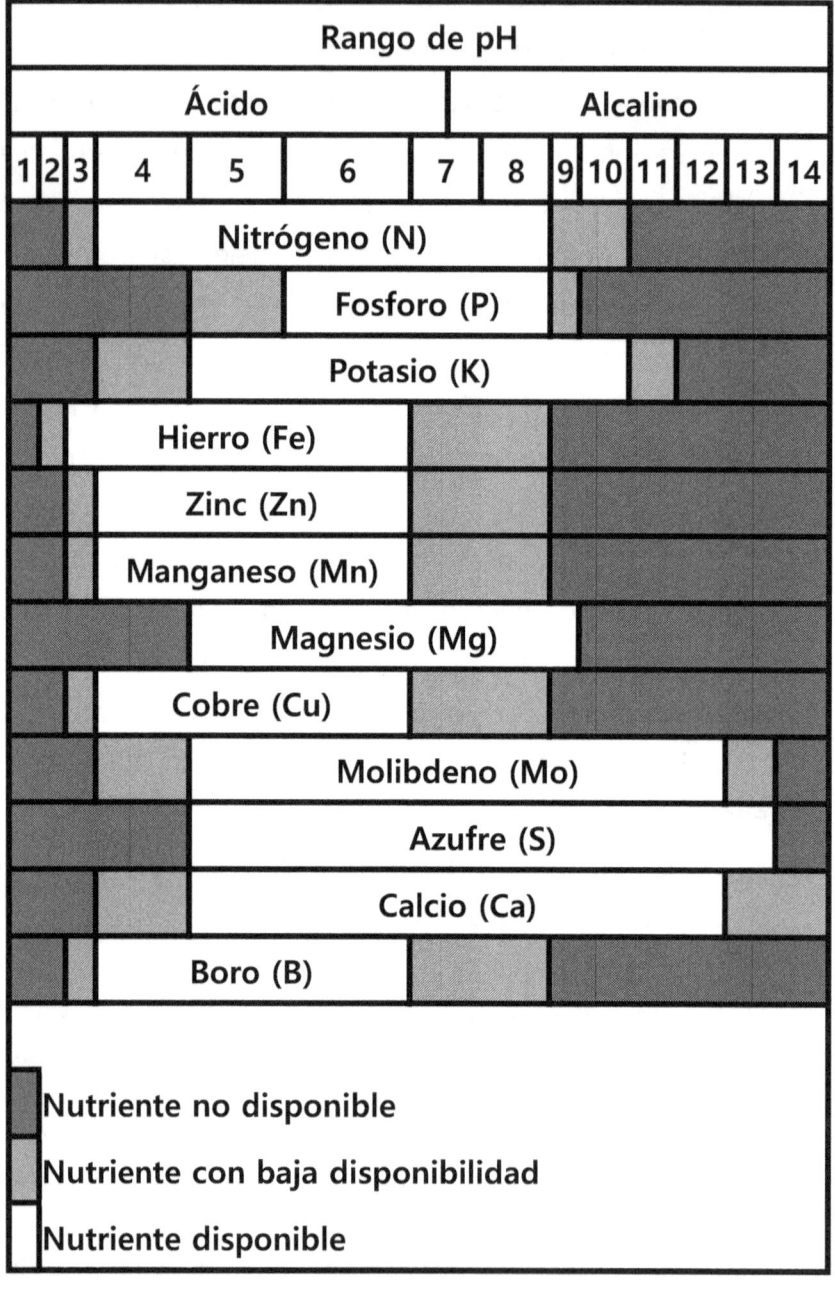

Tabla. 14. Disponibilidad de nutrientes según el pH del suelo.

Capítulo 4

Fertilizantes, su aplicación y cálculos de los aportes nutricionales

En el proceso de cultivo de plantas, la aplicación de fertilizantes proporciona los nutrientes esenciales que pueden no estar presentes en cantidades suficientes en el suelo, lo que ayuda a las plantas a alcanzar su máximo potencial de crecimiento.

A lo largo de las diferentes etapas del desarrollo vegetativo, se requieren diferentes tipos de fertilizantes para satisfacer las necesidades cambiantes de las plantas. Aquí, se describen los diferentes fertilizantes comúnmente utilizados en cada etapa del ciclo de crecimiento de las plantas, destacando sus funciones y aplicaciones específicas.

Debido a que en cada etapa se desarrollan estructuras diferentes y con funciones especializadas se requieren diferentes nutrientes, en distintas proporciones para poder obtener un desarrollo óptimo.

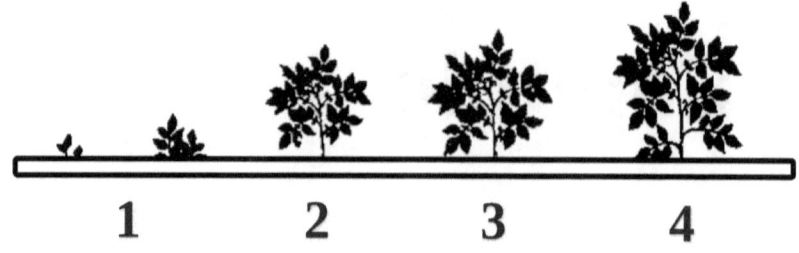

Figura 1. Etapas fenológicas para la aplicación de fertilizantes.

1. Fertilizantes para la etapa de germinación y establecimiento inicial.

Durante esta etapa, las plántulas son más sensibles y requieren nutrientes fácilmente disponibles para estimular un rápido crecimiento y desarrollo radicular. Los fertilizantes recomendados incluyen:

1. <u>Fertilizantes de arranque</u>: Estos fertilizantes generalmente contienen altas concentraciones de fósforo para promover el desarrollo de raíces fuertes y saludables. También pueden contener nitrógeno para fomentar un crecimiento inicial vigoroso.

2. <u>Fertilizantes de acción rápida:</u> Estos fertilizantes proporcionan una rápida disponibilidad de nutrientes esenciales, como nitrógeno, fósforo y potasio, que son absorbidos fácilmente por las plántulas jóvenes.

2. Fertilizantes para la etapa de crecimiento vegetativo.

Durante esta etapa, las plantas están activamente produciendo follaje y desarrollando sistemas de raíces robustos para absorber nutrientes y agua. Los fertilizantes más adecuados son:

1. <u>Fertilizantes equilibrados de liberación lenta</u>: Estos fertilizantes proporcionan una combinación equilibrada de nitrógeno, fósforo y potasio, junto con otros micronutrientes, para un crecimiento vegetativo saludable a largo plazo.

2. <u>Fertilizantes de liberación controlada</u>: Estos fertilizantes liberan gradualmente nutrientes durante un período de tiempo prolongado, lo que proporciona un suministro constante de nutrientes a las plantas durante su fase de crecimiento activo.

3. Fertilizantes para la etapa de floración y fructificación.

Durante esta etapa crítica, las plantas requieren nutrientes adicionales para apoyar la formación de flores y frutos. Los fertilizantes recomendados son:

1. <u>Fertilizantes con alto contenido de potasio</u>: Estos fertilizantes promueven una floración saludable y una mayor producción de frutos al tiempo que mejoran la calidad y el sabor de estos.

2. <u>Fertilizantes con micronutrientes específicos</u>: Durante la fase de floración y fructificación, las plantas pueden necesitar micronutrientes específicos, como boro, zinc y manganeso, para apoyar el desarrollo adecuado de flores y frutos.

4. Fertilizantes para la etapa de maduración y cosecha.

Durante esta etapa final del ciclo de crecimiento, las plantas están enfocadas en la maduración de los frutos y la acumulación de nutrientes. Los fertilizantes adecuados incluyen:

1. <u>Fertilizantes con bajo contenido de nitrógeno y alto contenido de potasio</u>: Estos fertilizantes ayudan a promover la maduración de los frutos y a mejorar su sabor y calidad.

2. <u>Fertilizantes ricos en calcio, boro y molibdeno</u>: Estos nutrientes son cruciales durante la etapa de maduración para prevenir trastornos como la pudrición apical y garantizar una estructura celular fuerte en los frutos.

La temperatura también puede influir

La solubilidad de los nutrientes también puede ser influenciada por la temperatura al igual que por el pH. Al aumentar la temperatura, se incrementa la energía del movimiento (cinético) de las partículas de los nutrientes y el agua, con lo que las fuerzas intermoleculares se debilitan. De esta forma, se establecen interacciones entre las partículas de los nutrientes y las del agua, favoreciendo su solubilización.

Las recomendaciones más importantes que se tiene que tomar en cuenta es considerar las temperaturas de almacenamiento de los fertilizantes formulados, debido a que algunos materiales pueden ser influidos de gran manera por este factor, mientras más temperatura se presente, los nutrientes son más solubles, pero si la temperatura es baja, puede provocar la precipitación de nutrientes y disminuir los aportes en los fertilizantes.

Además de lo anterior existen algunos materiales, solos o en combinación pueden bajar la temperatura de los fertilizantes formulados a niveles de congelamiento (por ejemplo, KNO_3, $Ca(NO_3)_2$, Urea, NH_4NO_3, KCl).

Temperatura	KNO$_3$	KCl	K$_2$SO$_4$	NH$_4$NO$_3$	Urea
10°C	21g	31g	9g	158g	84g
20°C	31g	34g	11g	195g	105g
40°C	46g	37g	13g	242g	133g

Tabla. 15. Solubilidad aproximada (gramos de producto por 100 g de agua) a diferentes temperaturas.

Cálculo de la composición garantizada expresada en los fertilizantes

Para el cálculo de la composición garantizada o grado del fertilizante. Los macronutrientes son expresados comúnmente en porcentajes de nitrógeno elemental (N), pentóxido de difósforo (P$_2$O$_5$) y dióxido de potasio (K$_2$O), en la forma N, P$_2$O5 y K$_2$O respectivamente.

La composición, aporte o grado se pueden presentar como una serie de números separados por guiones. Cada uno indica la cantidad de un nutriente garantizado que contiene la formula del fertilizante. El contenido de cada nutriente se expresa como porcentaje en peso, lo que quiere decir, que un fertilizante aporta una cantidad "X" de gramos de nutriente garantizado por cada 100 gramos de fertilizante.

A continuación, se indica un ejemplo de un fertilizante que posee la siguiente composición garantizada "5 - 8 - 4 - 3MgO" o "5 - 8 - 4 + 3MgO".

Lo que indica que el fertilizante contiene:

- 5% de N, o 5 gramos de N en cada 100 gramos de fertilizante.
- 8% de P2O5, o 8 gramos de P2O5 en cada 100 gramos de fertilizante.
- 4% de K2O, o 4 gramos de K2O en cada 100 gramos de fertilizante.
- 3% de MgO, o 3 gramos de MgO en cada 100 gramos de fertilizante.

Otro ejemplo de un fertilizante que posee la siguiente composición garantizada "10 - 0 - 0 - 2B" o "10 - 0 - 0 + 2B".

Lo que indica que el fertilizante contiene:

- 10% de N, o 10 gramos de N en cada 100 gramos de fertilizante.
- 2% de B, o 2 gramos de B en cada 100 gramos de fertilizante.

Los nutrientes en los fertilizantes se expresan principalmente en sus formas elementales y como óxidos, esto depende de cada elemento. En la tabla 16 se indican los nutrientes garantizados y sus formas de expresión.

Elemento	Forma de absorción por la planta	Expresión de nutrientes en los fertilizantes
Nitrógeno (N)	NH_4^+, NO_3^-	N
Fósforo (P)	$H_2PO_4^-$, HPO_4^{-2}	P_2O_5
Potasio (K)	K^+	K_2O
Hierro (Fe)	Fe^{+2}	Fe
Zinc (Zn)	Zn^{+2}	Zn
Manganeso (Mn)	Mn^{+2}	Mn
Magnesio (Mg)	Mg^{+2}	MgO
Cobre (Cu)	Cu^{+2}	Cu
Molibdeno (Mo)	MoO_4^{-2}	Mo
Silicio (Si)	$Si(OH)_4$	Si
Azufre (S)	SO_4^-	S
Calcio (Ca)	Ca^{+2}	CaO
Boro (B)	$B_4O_7^{-2}$, $H_2BO_3^-$	B

Tabla. 16. Expresión de nutrientes garantizados en los fertilizantes.

Para la formulación de fertilizantes compuestos, existen diferentes materiales que pueden combinarse para obtener un producto más completo y específico para alguna etapa de desarrollo fenológico, o para resolver alguna carencia o varias especificas en un cultivo.

Ejemplo 1.

Materiales como el nitrato de potasio (KNO₃) aporta nitrógeno y potasio en las formas de N y K_2O, este usualmente tiene una pureza del 98%.

Material	Aporte de nitrógeno (N)	Aporte de potasio (K_2O)
Nitrato de potasio	13,6%	45,5%

Tabla. 17. Composición garantizada del nitrato de potasio al 98% de pureza.

Si se desea realizar un fertilizante que aporte "0 – 0 – 8", utilizando como fuente el nitrato de potasio. 100 gramos de KNO₃ aportan 45,5% de K_2O. Para realizar un fertilizante con un contenido de 8,0% de K_2O, se obtiene la siguiente ecuación.

$$gramos\ de\ KNO_3 = \frac{\%\ K_2O\ requerido * 100g\ de\ KNO_3}{\%\ K_2O\ aporta\ KNO_3}$$

Desarrollando lo anterior:

$$gramos\ de\ KNO_3 = \frac{8,0\%\ K_2O\ requerido * 100g\ de\ KNO_3}{45,5\%\ K_2O\ aporta\ KNO_3}$$

Obteniendo que:

$$gramos\ de\ KNO_3 = 17,58$$

Para realizar un fertilizante que aporte 8,0% de K_2O, se necesita 17,58 gramos de KNO₃.

Además del aporte de potasio (K$_2$O), esta fuente también aporta nitrógeno (N), por lo cual 17,58 gramos de KNO$_3$, que aportan 8,0% de K$_2$O, aportarían 2,39% de N. Lo anterior puede verificarse de la siguiente manera.

Considerando que 100 gramos de KNO$_3$ aportan 13,6% de N. Se obtiene la siguiente ecuación.

$$\%N\ aporta\ KNO_3 = \frac{\text{g de } KNO_3 * \%\ \text{N aporta } KNO_3}{100\text{g de } KNO_3}$$

Desarrollando lo anterior:

$$\%N\ aporta\ KNO_3 = \frac{17{,}58\text{g de } KNO_3 * 13{,}6\%\ \text{N aporta } KNO_3}{100\text{g de } KNO_3}$$

Obteniendo que:

$$\%N\ aporta\ KNO_3 = 2{,}39$$

Agregando 17,58g de KNO$_3$, se obtiene un aporte de 2,39% de N. Por lo que un fertilizante de 100 gramos en el que se adiciono 17,58 gramos de KNO$_3$ y el resto de agua, obtendría la composición de "2,39 – 0 – 8", por lo que la fuente KNO$_3$, no es la indicada para obtener una composición de "0 – 0 – 8".

Ejemplo 2.

Para obtener el aporte requerido es necesario utilizar otra fuente como es el hidróxido de potasio (KOH) que aporta K$_2$O, y que usualmente tiene una pureza del 50%

Material	Aporte de potasio (K_2O)
Hidróxido de potasio	45,0%

Tabla. 18. Composición garantizada del hidróxido de potasio al 50% de pureza.

Si se desea realizar un fertilizante que aporte "0 – 0 – 8", utilizando como fuente el hidróxido de potasio. Se considera que 100 gramos de KOH aportan 45,0% de K_2O. Para realizar un fertilizante con un contenido de 8,0% de K_2O. Se obtiene la siguiente ecuación.

$$gramos\ de\ KOH = \frac{\%\ K_2O\ requerido * 100g\ de\ KOH}{\%\ K_2O\ aporta\ KOH}$$

Desarrollando lo anterior:

$$gramos\ de\ KOH = \frac{8,0\%\ K_2O\ requerido * 100g\ de\ KOH}{45,0\%\ K_2O\ aporta\ KOH}$$

Obteniendo que:

$$gramos\ de\ KOH = 17.78$$

Para realizar un fertilizante que aporte 8,0% de K_2O, se necesitan 17,78 gramos de KOH. Por lo que una formulación de 100 gramos en la que se adicionó 17,78 gramos de KOH y el resto de agua, obtendría la composición de "0 – 0 – 8", con lo cual estaremos cumpliendo con el aporte requerido del fertilizante.

Ejemplo 3.

Si se desea realizar un fertilizante que aporte "10 – 30 – 0", utilizando como fuente el fosfato monoamónico (MAP), el cual aporta N y P_2O_5, este usualmente tiene una pureza del 98%.

Material	Aporte de nitrógeno (N)	Aporte de potasio (P_2O_5)
Fosfato monoamónico (MAP)	12,0%	61,0%

Tabla. 19. Composición garantizada del fosfato monoamónico (MAP) al 98% de pureza.

Considerando que 100 gramos de MAP aportan 61,0% de P_2O_5 y 12,0% de N. Para determinar la cantidad de MAP que necesitamos para cubrir el aporte de P_2O_5 requerido, se obtiene la siguiente ecuación.

$$gramos\ de\ MAP = \frac{\%\ P_2O_5\ requerido * 100g\ de\ MAP}{\%\ P_2O_5\ aporta\ MAP}$$

Desarrollando lo anterior:

$$gramos\ de\ MAP = \frac{30,0\%\ P_2O_5\ requerido * 100g\ de\ MAP}{61,0\%\ P_2O_5\ aporta\ MAP}$$

Obteniendo que:

$$gramos\ de\ MAP = 49{,}18$$

Para realizar un fertilizante que aporte 30,0% de P_2O_5, se necesitan 49,18 gramos de MAP. De lo anterior es importante considerar que el MAP es soluble en agua hasta 37,0g/100g agua. Por lo tanto, no sería posible adicionar esta cantidad de MAP a la formulación, por qué parte del MAP precipitaría, convirtiéndolo en un material no disponible en el fertilizante. Por lo que es necesario reemplazar la fuente o agregar otra complementando la primera.

En base a lo anterior se considera usar únicamente MAP para cubrir el 15% de P_2O_5 en el fertilizante, para el otro 15% de aporte de P_2O_5, se considera utilizar el ácido fosfórico (H_3PO_4). La cantidad que se ocuparía para alcanzar el 15% de P_2O_5 utilizando MAP sería de 24,6 gramos.

Material	Aporte de potasio (P_2O_5)
Ácido fosfórico	61,5%

Tabla. 20. Composición garantizada del ácido fosfórico al 85% de pureza.

Considerando que 100 gramos de ácido fosfórico al 85% de pureza aportan 61,5% de P_2O_5. Se empieza con determinar la cantidad de ácido fosfórico que se necesita para cubrir el aporte de 15% de P_2O_5 requerido, donde se obtiene la siguiente ecuación.

$$gramos\ de\ H_3PO_4 = \frac{\%\ P_2O_5\ \text{requerido} * 100g\ de\ H_3PO_4}{\%\ P_2O_5\ \text{aporta}\ H_3PO_4}$$

Desarrollando lo anterior:

$$gramos\ de\ H_3PO_4 = \frac{15,0\%\ P_2O_5\ \text{requerido} * 100g\ de\ H_3PO_4}{61,5\%\ P_2O_5\ \text{aporta}\ H_3PO_4}$$

Obteniendo que:

$$gramos\ de\ H_3PO_4 = 24,4$$

Para realizar un fertilizante que aporte 30,0% de P_2O_5, se necesitan 24,6 gramos de MAP y 24,4 gramos de ácido fosfórico. Con lo anterior estaremos cubriendo el aporte de P_2O_5, pero aún falta el aporte de N. El MAP nos estaría aportando N, para determinar cuánto nos aportan 24,6 gramos de MAP, se obtiene la siguiente ecuación.

$$\%N\ aporta\ MAP = \frac{g\ de\ MAP * \%\ N\ aporta\ MAP}{100g\ de\ MAP}$$

Desarrollando lo anterior:

$$\%N\ aporta\ MAP = \frac{24,6g\ de\ MAP * 12,0\%\ N\ aporta\ MAP}{100g\ de\ MAP}$$

Obteniendo que:

$$\%N\ aporta\ MAP = 2,95$$

Agregando 24,6g de MAP, se obtiene un aporte de 2,95% de N. El fertilizante por formular requiere un aporte del 10% de N. De esta manera con el MAP y ácido fosfórico adicionado, únicamente faltaría 7,05% de N para completar la composición garantizada de "10–30–0".

Para completar el aporte de N, se utilizará como fuente la urea en la formulación, la cual aporta N y esta usualmente tiene una pureza del 99%.

Material	Aporte de nitrógeno (N)
Urea	46,0%

Tabla. 21. Composición garantizada de la urea al 99% de pureza.

Considerando que 100 gramos de urea aportan 46,0% de N. Empezamos con determinar la cantidad de urea que necesitamos para cubrir con el 7,05% de aporte de N faltante. Para lo cual se obtiene la siguiente ecuación.

$$gramos\ de\ urea = \frac{\%\ N\ requerido * 100g\ de\ urea}{\%\ N\ aporta\ urea}$$

Desarrollando lo anterior:

$$gramos\ de\ urea = \frac{7,05\%\ N\ requerido * 100g\ de\ urea}{46,0\%\ P_2O_5\ aporta\ urea}$$

Obteniendo que:

$$gramos\ de\ urea = 15,33$$

Para realizar un fertilizante de grado "10 – 30 – 0", se necesita 24,6 gramos de MAP, 24,4 gramos de ácido fosfórico, 15,33 gramos de urea y lo restante de agua hasta completar

100 gramos. Con esta formulación se obtiene el fertilizante con los aportes requeridos.

Ejemplo 4.

Si se desea realizar un fertilizante que cuente con un aporte de "5 – 8 – 4 + 3MgO". Se considera utilizar fosfato monopotásico (MKP) el cual aporta P_2O_5 y K_2O, además de utilizar ácido fosfórico el cual aporta P_2O_5, así como utilizar urea como aporte de N y utilizar cloruro de magnesio ($MgCl_2$) como aporte de MgO.

Material	Aporte de nitrógeno (N)
Cloruro de magnesio	25,0%

Tabla. 22. Composición garantizada del cloruro de magnesio al 99% de pureza.

Considerando que 100 gramos de cloruro de magnesio aportan 25,0% de MgO. Para determinar la cantidad de cloruro de magnesio requerida para cubrir con el aporte de 3,0% de MgO, se obtiene la siguiente ecuación.

$$gramos\ de\ MgCl_2 = \frac{\%\ MgO\ requerido * 100g\ de\ MgCl_2}{\%\ MgO\ aporta\ MgCl_2}$$

Desarrollando lo anterior:

$$gramos\ de\ MgCl_2 = \frac{3{,}0\%\ MgO\ requerido * 100g\ de\ MgCl_2}{25{,}0\%\ MgO\ aporta\ MgCl_2}$$

Obteniendo que:

$$gramos\ de\ MgCl_2 = 12{,}0$$

Se requiere 12,0 gramos de MgCl$_2$ para obtener un aporte de 3,0% de MgO. Con lo que completamos el aporte requerido de magnesio para esta formulación. Continuando se realiza el cálculo de cuantos gramos de fosfato monopotásico (MKP) se requieren para obtener un aporte de 4,0% de K$_2$O.

Material	Aporte de potasio (K$_2$O)	Aporte de fosforo (P$_2$O$_5$)
Fosfato monopotásico (MKP)	34,0%	52,0%

Tabla. 23. Composición garantizada del fosfato monopotásico al 98% de pureza.

Considerando que 100 gramos de MKP aportan 34,0% de K$_2$O y 52,0% de P$_2$O$_5$. Para determinar la cantidad de MKP requerida para cubrir con el aporte de 4,0% de K$_2$O, se obtiene la siguiente ecuación.

$$gramos\ de\ MKP = \frac{\%\ K_2O\ requerido * 100g\ de\ MKP}{\%\ K_2O\ aporta\ MKP}$$

Desarrollando lo anterior:

$$gramos\ de\ MKP = \frac{4{,}0\%\ K_2O\ requerido * 100g\ de\ MKP}{34{,}0\%\ K_2O\ aporta\ MKP}$$

Obteniendo que:

$$gramos\ de\ MKP = 11{,}77$$

Se requiere 11,77 gramos de MKP para obtener un aporte de 4,0% de K_2O. Con lo que completamos el aporte requerido de potasio para esta formulación. De igual manera el MKP también aporta P_2O_5, por lo que se debe determinar el aporte de P_2O_5 que tienen 11,77 gramos de MKP, de lo anterior se obtiene la siguiente ecuación.

$$\%\ P_2O_5\ aporta\ MKP = \frac{g\ de\ MKP * \%\ P_2O_5\ aporta\ MKP}{100g\ de\ MKP}$$

Desarrollando lo anterior:

$$\%\ P_2O_5\ aporta\ MKP = \frac{11{,}77g\ de\ MKP * 52{,}0\%P_2O_5\ aporta\ MKP}{100g\ de\ MKP}$$

Obteniendo que:

$$\%\ P_2O_5\ aporta\ MKP = 6{,}12$$

Con 11,77 gramos de MKP se obtiene un aporte de 6,12% de P_2O_5. Con lo que únicamente requerimos 1,88% de P2O5 para completar el aporte requerido en la formulación. Para lo anterior se agrega como fuente de P_2O_5 el ácido fosfórico, para lo cual se obtiene la siguiente ecuación.

$$gramos\ de\ H_3PO_4 = \frac{\%\ P_2O_5\ requerido * 100g\ de\ H_3PO_4}{\%\ P_2O_5\ aporta\ H_3PO_4}$$

Desarrollando lo anterior:

$$gramos\ de\ H_3PO_4 = \frac{1{,}88\%\ P_2O_5\ requerido * 100g\ de\ H_3PO_4}{61{,}5\%\ P_2O_5\ aporta\ H_3PO_4}$$

Obteniendo que:

$$gramos\ de\ H_3PO_4 = 3{,}06$$

Para completar el aporte de P_2O_5 se requiere 3,06 gramos de ácido fosfórico, para poder alcanzar el aporte requerido de 8% de P_2O_5 en la formulación.

Para terminar con la formulación se necesita completar el aporte de nitrógeno (N) del fertilizante que es del 5%, se utilizara como fuente la urea. Para lo cual se realiza la siguiente ecuación.

$$gramos\ de\ urea = \frac{\%\ N\ requerido * 100g\ de\ urea}{\%\ N\ aporta\ urea}$$

Desarrollando lo anterior:

$$gramos\ de\ urea = \frac{5{,}0\%\ N\ requerido * 100g\ de\ urea}{46{,}0\%\ P_2O_5\ aporta\ urea}$$

Obteniendo que:

$$gramos\ de\ urea = 10{,}87$$

Para obtener un fertilizante con "5 – 8 – 4 + 3MgO" de composición, se necesitan 12,0 gramos de cloruro de magnesio ($MgCl_2$), 11,77 gramos de fosfato monopotásico (MKP), 3,06 gramos de ácido fosfórico (H_3PO_4), 10,87 gramos de urea y lo restante de agua hasta completar 100 gramos. Con esta formulación se obtiene el fertilizante con los aportes requeridos.

Consideraciones para el cálculo de un fertilizante

La elección de una fuente apropiada y conocer la composición de esta, nos ayudara a realizar de manera más eficiente el cálculo para elaborar un fertilizante. Además, es importante considerar que en el mercado existen diferentes grados de pureza de una misma fuente, por lo cual se debe identificar correctamente los aportes que nos otorgaría cada una de estas. Se debe considerar varias alternativas de fuentes de materiales para obtener el resultado esperado, existen diversas fuentes que nos aportan los requerimientos que buscamos y las combinaciones entre estas pueden llegar a completar las necesidades objetivo.

Capítulo 5

Compatibilidad de los materiales en la formulación de fertilizantes

Una de las más importantes características de los materiales utilizados para formular fertilizantes es que en su mayoría son sales, que en contacto con el agua se disocian formando iones (aniones y cationes); los distintos iones pueden interactuar en la solución y precipitar formando compuestos insolubles, lo que conlleva el riesgo de que los nutrientes no estén disponibles para las plantas, disminuyendo en consecuencia la eficiencia de la aplicación de los fertilizantes.

Las interacciones más comunes son (Tabla 24):

$Ca^{++} + SO_4^{=} \rightarrow CaSO_4$ (Precipitado)
$Ca^{++} + HPO_4^{=} \rightarrow CaHPO_4$ (Precipitado)
$Mg^{++} + SO_4^{=} \rightarrow MgSO_4$ (Precipitado)

Tabla. 24. Interacciones y compuestos insolubles.

En aguas duras (donde el contenido de calcio y magnesio ≥ 150 ppm) estos cationes podrían combinarse con fosfato, polifosfato neutro o compuestos de sulfato para formar sustancias insolubles.

Es importante considerar la fuente de agua como un aspecto importante porque puede influenciar de gran manera la formación de precipitados y disminuir la solubilidad de las fuentes nutricionales debido a las altas concentraciones de sales disueltas que puede contener el agua desde origen.

	Urea	Nitrato de amonio	Sulfato de amonio	Nitrato de calcio	Nitrato de potasio	Cloruro de potasio	Sulfato de potasio
Urea	O						
Nitrato de amonio	O	O					
Sulfato de amonio	O	O	O				
Nitrato de calcio	O	O	X	O			
Nitrato de potasio	O	O	O	O	O		
Cloruro de potasio	O	O	O	O	O	O	
Sulfato de potasio	O	O	R	X	O	R	O
Fosfato de amonio	O	O	O	X	O	O	O
Sulfatos de Fe, Zn, Cu, Mn	O	O	O	X	O	O	R
Sulfato de magnesio	O	O	O	X	O	O	R
Ácido fosfórico	O	O	O	X	O	O	O
Ácido sulfúrico	O	O	O	X	O	O	R
Ácido nítrico	O	O	O	O	O	O	O
O = Compatible, X = Incompatible, R = Compatibilidad reducida							

Tabla. 25. Carta de compatibilidad entre fertilizantes (1).

	Fosfato de amonio	Sulfatos de Fe, Zn, Cu, Mn	Sulfato de magnesio	Ácido fosfórico	Ácido sulfúrico	Ácido nítrico
Urea						
Nitrato de amonio						
Sulfato de amonio						
Nitrato de calcio						
Nitrato de potasio						
Cloruro de potasio						
Sulfato de potasio						
Fosfato de amonio	O					
Sulfatos de Fe, Zn, Cu, Mn	X	O				
Sulfato de magnesio	X	O	O			
Ácido fosfórico	O	O	O	O		
Ácido sulfúrico	O	O	O	O	O	
Ácido nítrico	O	O	O	O	O	O
O = Compatible, X = Incompatible, R = Compatibilidad reducida						

Tabla. 26. Carta de compatibilidad entre fertilizantes (2).

Fuentes de materiales para formular fertilizantes

Las fuentes de materiales de grado técnico son las utilizadas normalmente para la formulación de fertilizantes, para lograr obtener un fertilizante con un precio competitivo. Se debe considerar que existen diferentes grados de pureza para un mismo material, que contendrán aportes distintos debido a esta variación en la pureza. A continuación, se listan materiales utilizados comúnmente para la fabricación de fertilizantes.

Fuentes de nutrientes					
Material	Formula química	C.A.S.	% Pureza	% Aporte	Estado
Ácido bórico	H_3BO_3	10043-35-3	99	17,5%B	Sólido
Ácido fosfórico	H_3PO_4	7664-38-2	85	61,5% P_2O_5	Líquido
Ácido fúlvico	AF	479-66-3	80	0,19%N 0,15% K_2O	Sólido
Ácido húmico	AH	1415-93-6	70	8,0% K_2O	Sólido
Ácido maleico	$C_4H_4O_4$	110-16-7	99	48.04%C	Sólido
Ácido Nítrico	HNO_3	7697-37-2	55	12,0%N	Líquido
Ácido sulfúrico	H_2SO_4	7664-93-9	98	72,0% S	Líquido
Algas marinas	AGM	2128-82-0	80	18% K_2O	Sólido
Aminoácidos	AA	65072-01-7	80	13,62%N	Sólido
Anhidro maleico	$C_4H_2O_3$	108-31-6	99	48.04% C	Sólido
Bórax pentahidratado	$Na_2B_4O_7.5H_2O$	1330-43-4	99	14,8% B	Sólido
Cloruro de amonio	NH_4Cl	12125-02-9	99	26,0% N	Sólido
Cloruro de calcio	$CaCl_2$	10043-52-4	94	36% CaO	Sólido
Cloruro Férrico	$FeCl_3$	7705-08-0	40	13,7% Fe	Líquido
Cloruro Férrico	$FeCl_3$	7705-08-0	96	19.2% Fe	Sólido
Cloruro de magnesio	$MgCl_2$	7786-30-3	99	25% MgO	Sólido
Cloruro de potasio	KCl	747-40-7	99	60,0% K_2O	Sólido
Cloruro de zinc	$ZnCl_2$	7646-85-7	98	46,0% Zn	Sólido
Cloruro Férrico	$FeCl_3$	7705-08-0	40	13,7% Fe	Líquido
Fosfato monoamónico, MAP	$H_4H_2PO_4$	7722-76-1	98	12,0% N 61,0% P_2O_5	Sólido
Fosfato diamónico, DAP	$(NH_4)_2HPO_4$	7783-28-0	98	18,0% N 46,0% P_2O_5	Sólido
Fosfato monopotásico, MKP	KH_2PO_4	7778-77-0	98	52,0% P_2O_5 34,0% K_2O	Sólido

Nombre	Fórmula	CAS	Pureza (%)	Contenido	Estado
Hidróxido de amonio	NH_4OH	1336-21-6	25	10,0% N	Líquido
Hidróxido de potasio	KOH	1310-58-3	50	45,0% K_2O	Líquido
Molibdato de amonio tetrahidratado	$(NH_4)_6Mo_7O_{24} \cdot 4 H_2O$	12054-85-2	99	54,0% Mo 12.7% N	Sólido
Molibdato de sodio dihidratado	$Na_2MoO_4 \cdot 2H_2O$	10102-40-6	99	39,0% Mo	Sólido
Nitrato de amonio	NH_4NO_3	6484-52-2	99	34% N	Sólido
Nitrato de calcio	$Ca(NO_3)_2$	13477-34-4	99	15,0% N 26,0% CaO	Sólido
Nitrato de magnesio	$Mg(NO_3)_2$	13446-18-9	99	8,0% N 15,0% MgO	Sólido
Nitrato de potasio	$KNO3$	7757-79-1	99	13,0% N 46,0% K_2O	Sólido
Nitrato de sodio	$NaNO3$	7631-99-4	99	16.3% N	Sólido
Octaborato de sodio tetrahidratado	$Na_2B_8O_{13} \cdot 4H_2O$	12280-03-4	99	21% B	Sólido
Silicato de sodio	Na_2SiO_3	1344-08-09	40	30% SiO_2	Líquido
Silicato de potasio	$K_4(SiO_4)$	1312-76-1	40	20,0% K_2O 30% SiO_2	Líquido
Sulfato de amonio	$(NH_4)_2SO_4$	7783-20-2	99	21,0% N 24,0% S	Sólido
Sulfato de cobalto	$CoSO_4$	10124-43-3	99	7,6% Co 4,14% S	Sólido
Sulfato de cobre pentahidratado	$CuSO_4 \cdot 5H_2O$	7758-99-8	99	25,0% Cu 12.8% S	Sólido
Sulfato férrico	$Fe_2(SO_4)_3$	15244-10-7	45	12.6% Fe 10,2% S	Líquido
Sulfato ferroso	$FeSO_4$	7720-78-7	98	21,0% Fe 11,0% S	Sólido
Sulfato de manganeso	$MnSO_4$	10034-96-5	99	32,0% Mn 18,0% S	Sólido
Sulfato de magnesio	$MgSO_4$	7487-88-9	99	16% MgO 13% S	Sólido
Sulfato de potasio	K_2SO_4	7778-80-5	99	50,0% K_2O 18,0% S	Sólido
Sulfato de sodio	Na_2SO_4	7757-82-6	99	2,7% S	Sólido
Sulfato de zinc	$ZnSO_4$	7446-19-7	99	21,0% Zn 10,0% S	Sólido
Superfosfato de calcio triple, SFT	$Ca(NH_2PO_4)_2$	65996-95-4	99	21,0% CaO 46,0% P_2O_5	Sólido
Urea	CH_4N_2O	57-13-6	99	46,0% N	Sólido

Tabla. 27. Aportes de nutrientes utilizados en la formulación de fertilizantes.

Bioestimulantes, hormonas y conservadores				
Material	Formula química	C.A.S.	% Pureza	% Aporte	Estado
Ácido ascórbico	$C_6H_8O_6$	50-81-7	99	99%	Sólido
Ácido cítrico	$C_6H_8O_7$	77-92-9	99	99%	Sólido
Ácido alfa naftalen acético, ANA	$C_{12}H_{10}O_2$	86-87-3	99	99%	Sólido
Acido Beta-Naftoxiacético, BNOA	$C_{12}H_{10}O_3$	120-23-0	98	98%	Sólido
Ácido 3-Indol Acético, AIA	$C_{10}H_9NO_2$	87-51-4	99	99%	Sólido
Ácido 3-Indolbutírico, AIB	$C_{12}H_{13}NO_2$	133-32-4	99	99%	Sólido
Ácido Giberélico	$C_{19}H_{22}O_6$	77-06-5	90	90%	Sólido
Ácido fólico	$C_{19}H_{19}N_7O_6$	59-30-3	99	99%	Sólido
Ácido láctico	$C_3H_6O_3$	50-21-5	80	80%	Líquido
6-Bencil amino purina, BAP	$C_{12}H_{11}N_5$	1214-39-7	99	99%	Sólido
Folcisteína	$C_6H_9NO_3S$	5025-82-1	99	99%	Sólido
Kinetina	$C_{10}H_9N_5O$	525-79-1	99	99%	Sólido
Prolina	$C_5H_9NO_2$	147-85-3	99	99%	Sólido
Vitamina A Acetato 500	$C_{22}H_{32}O_2$	27-47-9	99	99%	Sólido
Vitamina B1 Tiamina HCl	$C_{12}H_{17}ClN_4O S \cdot HCl$	67-03-8	99	99%	Sólido
Vitamina B2 Riboflavina	$C_{17}H_{20}N_4O_6$	83-88-5	99	99%	Sólido
Vitamina B3 Niacina	$C_6H_5NO_2$	98-92-0	99	99%	Sólido

Tabla. 28. Bioestimulantes, hormonas y conservadores

Diluyente, disolvente, quelantes, humectante y anticongelante			
Material	Formula química	C.A.S.	% Pureza	Estado
Ácido clorhídrico	HCl	7647-01-0	37	Líquido
ácido etilendiaminotetraacético, EDTA	$C_{10}H_{16}N_2O_8$	6381-92-6	39	Líquido
Dimetilsulfóxido, DMSO	C_2H_6OS	67-68-5	99	Líquido
Monoetanolamina	C_2H_7NO	141-43-5	99	Líquido
Propilenglicol	$C_3H_8O_2$	57-55-6	99	Líquido
Trietanolamina	$C_6H_{15}NO_3$	102-71-6	99	Líquido

Tabla. 29. Diluyentes, disolventes, quelantes, humectantes y anticongelantes.

Capítulo 6

Propuestas de formulación de fertilizantes

A continuación, se listan propuestas de formulación de distintos tipos de fertilizantes, con aportes variados.

Consideraciones importantes: Es importante respetar el orden de adición para obtener un producto sin problemas de solubilidad. Las fórmulas son propuestas que se desarrollan para los mercados agrícolas emergentes, estas pueden verse afectadas, dependiendo el origen de las fuentes de materiales empleadas. Además, el agua empleada puede afectar a la formulación, dependiendo si esta contiene muchas sales disueltas o posee un pH alterado. El proceso de formulación de fertilizantes conlleva seguir las medidas de seguridad indicadas en cada formulación y las descritas en las hojas de seguridad de cada material empleado. Para el envasado de todas las propuestas de formulación se recomienda la utilización de HDPE (polietileno de alta densidad), como material de embalaje.

Los métodos de análisis sugeridos para la evaluación de los fertilizantes formulados son: apariencia (Organoléptica), Densidad (Gravimétrica), pH (Potenciométrica), Nitrógeno total

(AOAC 993.13 Nitrogen (Total)), para los elementos P_2O_5N, K_2O, Mn, Fe, Zn, B, S, Cu, CaO, MgO, Si (Digestión ácida multielemental en microondas de acuerdo con el método AOAC 2006.03, y medición de acuerdo con el método TMECC 04.14 Inductively coupled plasma analysis y US EPA 6010A Inductively coupled plasma-atomic emission spectroscopy. y Co (EPA 6010C 2007).

Fertilizante: FER 01

Composición: 4.6 – 0 – 0 + 2.5MgO + 2.4Mo + 2S + 0.1% Giberelinas

Materiales:

Materiales	% Pureza	Aporte	% Adición (p/p)	Función
Agua	99	-	63.78	Diluyente
Urea	99	46% N	10	Nutriente
Sulfato de magnesio	96	16.2% MgO	15.44	Nutriente
		12.9% S		
Molibdato de sodio	99	39% Mo	6.16	Nutriente
Ácido ascórbico	98	-	0.50	Conservador
DMSO	99	-	3	Disolvente
Ácido giberélico	90	-	0.12	Bioestimulante
Propilenglicol	99	-	1	Anticongelante, adherente, humectante

Equipo de protección personal: Guantes de nitrilo, lentes de seguridad, mandil de pvc, mascarilla para polvos.

Instrucciones de fabricación:

MEZCLA 1

1. Se adiciona 63.78% de agua en un recipiente adecuado.

2. Se incorpora 10% de urea y se agita a velocidad constante hasta su completa solubilización.

3. Se agrega 15.44% de sulfato de magnesio lentamente a la solución en agitación constante hasta que se disuelva completamente.

4. Se adiciona 6.16% de molibdato de sodio lentamente a la solución en agitación constante hasta su completa homogeneización.

5. Se adiciona 0.5% de ácido ascórbico a la mezcla y se agita hasta su completa solubilización.

MEZCLA 2

6. Se agrega 3% de dimetilsulfóxido en un recipiente por separado y se adiciona 0,12% de ácido giberélico a la mezcla, y se agita hasta su completa solubilización.

MEZCLA FINAL

7. Posteriormente se agrega la "mezcla 2" en la "mezcla 1" lentamente hasta su disolución completa.

8. Se agrega 1% de propilenglicol a la solución y se agita hasta que la mezcla sea homogénea.

Especificaciones del fertilizante:

Parámetro	Especificación	Parámetro	Especificación
Apariencia	Líq. Incoloro a lig. amarillo	MgO	2,5%
Densidad	1,18 - 1,22 g/mL	S	2,0%
pH al 1%	4 a 8	Mo	2,4%
N	4,6%	Giberelinas	0,1%

Fertilizante: FER 02

Composición: 7 – 18.3 – 0 + 3CaO

Materiales:

Materiales	% Pureza	Aporte	% Adición (p/p)	Función
Agua	99	-	53.66	Diluyente
Urea	99	46%N	7.50	Nutriente
Fosfato monoamónico	98	12%N / 61%P_2O_5	30	Nutriente
Cloruro de calcio	94	36% CaO	8.34	Nutriente
Propilenglicol	99	-	0.5	Anticongelante, adherente, humectante

Equipo de protección personal: Guantes de nitrilo, lentes de seguridad, mandil de pvc, mascarilla para polvos.

Instrucciones de fabricación:

1. Se adiciona 53.66% de agua en un recipiente adecuado.
2. Se incorpora 7.5% de urea y se agita a velocidad constante hasta su completa solubilización.
3. Se agrega 30% de fosfato monoamónico lentamente a la solución en agitación constante hasta que se disuelva completamente.
4. Se adiciona 8.34% de cloruro de calcio lentamente a la solución en agitación constante hasta su completa homogeneización.
5. Se agrega 0.5% de propilenglicol a la solución y se agita hasta que la mezcla sea homogénea.

Especificaciones del fertilizante:

Parámetro	Especificación	Parámetro	Especificación
Apariencia	Líq. Incoloro a lig. amarillo	N	7,0%
Densidad	1,26 - 1,32 g/mL	P_2O_5	18,3%
pH al 1%	4 a 8	CaO	3,0%

Fertilizante: FER 03

Composición: 7 – 15 – 9.8 + 0.05Mn + 0.04Fe + 0.05Zn + 0.6B + 0.005S

Materiales:

Materiales	% Pureza	Aporte	% Adición (p/p)	Función
Agua	99	-	51.05	Diluyente
Octaborato de sodio tetrahidratado	99	21%B	2.86	Nutriente
Urea	99	46%N	15.21	
Fosfato monopotásico	99	52,0% P2O5 / 34,0% K2O	28.90	Nutriente
Sulfato de manganeso	99	32,0% Mn / 18,0% S	0.16	Nutriente
Sulfato ferroso	99	19,0% Fe / 12,0% S	0.21	Nutriente
Cloruro de zinc	99	46,0% Zn	0.11	Nutriente
Ácido ascórbico	99	-	0.5	Conservador
Trietanolamina	99	-	1	Anticongelante, adherente, humectante

Equipo de protección personal: Guantes de nitrilo, lentes de seguridad, mandil de pvc, mascarilla para polvos.

Instrucciones de fabricación:

1. Se adiciona 51.05% de agua en un recipiente adecuado.
2. Se incorpora 2.86% de octaborato de sodio tetrahidratado y se agita a velocidad constante hasta su completa solubilización.
3. Se agrega 15.21% de urea a la solución en agitación constante hasta que se disuelva completamente.
4. Se adiciona 28.90% de fosfato monopotásico lentamente a la solución en agitación constante hasta su completa homogeneización.
5. Se incorpora 0.16% de sulfato de manganeso a la mezcla y se agita hasta su completa solubilización.
6. Se agrega 0.21% de sulfato ferroso lentamente hasta su completa homogeneización.
7. Se adiciona 0.11% de Cloruro de zinc a la mezcla y se agita hasta su solubilización completa.
8. Se incorpora 0.5% de ácido ascórbico a la mezcla y hasta obtener una solución homogénea.
9. Se agrega 1% de propilenglicol a la solución y se agita hasta que la mezcla sea homogénea.

Especificaciones del fertilizante:

Parámetro	Especificación	Parámetro	Especificación
Apariencia	Líq. lig. amarillo a café	Mn	0.05%
Densidad	1,28 - 1,35 g/mL	Fe	0.04%
pH al 1%	3 a 6	Zn	0.05%
N	7,0%	B	0.6%
P_2O_5	15,0%	S	0.05%
K_2O	9.8%		

Fertilizante: FER 04

Composición: 8 – 10 – 6.4 + 0.02B + 0.1Fe + 0.05Mn + 0.05Mg + 0.05CaO + 0.05Zn + 0.13S

Materiales:

Materiales	% Pureza	Aporte	% Adición (p/p)	Función
Agua	99	-	61.59	Diluyente
Borax pentahidratado	99	14.8%B	0.14	Nutriente
Urea	99	46%N	17.4	Nutriente
Superfosfato de calcio	99	21% CaO / 46% P2O5	0.24	Nutriente
Fosfato monopotásico	99	52,0% P2O5 / 34,0% K2O	19.02	Nutriente
Sulfato de manganeso	99	32,0% Mn / 18,0% S	0.16	Nutriente
Sulfato ferroso	99	19,0% Fe / 12,0% S	0.53	Nutriente
Sulfato de magnesio	99	16% MgO / 13% S	0.31	Nutriente
Cloruro de zinc	99	46,0% Zn	0.11	Nutriente
Trietanolamina	99	-	0.5	Anticongelante, adherente, humectante

Equipo de protección personal: Guantes de nitrilo, lentes de seguridad, mandil de pvc, mascarilla para polvos.

Instrucciones de fabricación:

1. Se adiciona 61.59% de agua en un recipiente adecuado.

2. Se incorpora 0.14% de borax pentahidratado y se agita a velocidad constante hasta su completa solubilización.

3. Se agrega 17.4% de urea a la solución en agitación constante hasta que se disuelva completamente.

4. Se adiciona 0.24% de superfosfato de calcio lentamente a la solución en agitación constante hasta su completa homogeneización.

5. Se incorpora 19.02% de fosfato monopotásico a la mezcla y se agita hasta su completa solubilización.

6. Se agrega 0.16% de sulfato de manganeso lentamente hasta su completa homogeneización.

7. Se adiciona 0.53% de sulfato ferroso a la mezcla y se agita hasta su solubilización completa.

8. Se incorpora 0.31% de sulfato de magnesio a la mezcla y hasta obtener una solución homogénea.

9. Se agrega 0.11% de Cloruro de zinc a la solución y se agita hasta que la mezcla sea homogénea.

10. Se incorpora 0.5% de trietanolamina a la mezcla y se agita hasta obtener una solución homogénea.

Especificaciones del fertilizante:

Parámetro	Especificación	Parámetro	Especificación
Apariencia	Líq. lig. amarillo a café	Fe	0.1%
Densidad	1,25 - 1,32 g/mL	Mn	0.05%
pH al 1%	3 a 6	Mg	0.05%
N	8,0%	CaO	0.05%
P_2O_5	10,0%	Zn	0.05%
K_2O	6.4%	S	0.13%
B	0.02%		

Fertilizante: FER 05

Composición: 7 – 15 – 7

Materiales:

Materiales	% Pureza	Aporte	% Adición (p/p)	Función
Agua	99	-	50.88	Diluyente
Hidróxido de potasio	50	45,0% K2O	15.22	Nutriente
Fosfato monoamónico	98	12%N 61% P2O5	24.6	Nutriente
Urea	99	46%N	8.8	Nutriente
Trietanolamina	99	-	0.5	Anticongelante, adherente, humectante

Equipo de protección personal: Guantes de nitrilo, lentes de seguridad, mandil de pvc, mascarilla para polvos.

Instrucciones de fabricación:

1. Se adiciona 50.88% de agua en un recipiente adecuado.

2. Se incorpora 15.22% de hidróxido de potasio lentamente y se agita a velocidad constante hasta su completa solubilización (Esta mezcla puede calentar la solución).

3. Se agrega 24.6% de fosfato monoamónico lentamente a la solución en agitación constante hasta que se disuelva completamente.

4. Se adiciona 8.8% de urea lentamente a la solución en agitación constante hasta su completa homogeneización.

5. Se agrega 0.5% de trietanolamina a la solución y se agita hasta que la mezcla sea homogénea.

Especificaciones del fertilizante:

Parámetro	Especificación	Parámetro	Especificación
Apariencia	Líq. Incoloro a lig. amarillo	N	7,0%
Densidad	1,25 - 1,33 g/mL	P_2O_5	15,0%
pH al 1%	7 a 11	K_2O	7,0%

Fertilizante: FER 06

Composición: 6 – 18 – 0

Materiales:

Materiales	% Pureza	Aporte	% Adición (p/p)	Función
Agua	99	-	64.64	Diluyente
Urea	99	46%N	5.35	Nutriente
Fosfato monoamónico	98	12%N 61% P2O5	29.51	Nutriente
Trietanolamina	99	-	0.5	Anticongelante, adherente, humectante

Equipo de protección personal: Guantes de nitrilo, lentes de seguridad, mandil de pvc, mascarilla para polvos.

Instrucciones de fabricación:

1. Se adiciona 64.64% de agua en un recipiente adecuado.

2. Se agrega 5.35% de urea lentamente a la solución en agitación constante hasta que se disuelva completamente.

3. Se adiciona 29.51% de fosfato monoamónico lentamente a la solución en agitación constante hasta su completa homogeneización.

4. Se agrega 0.5% de trietanolamina a la solución y se agita hasta que la mezcla sea homogénea.

Especificaciones del fertilizante:

Parámetro	Especificación	Parámetro	Especificación
Apariencia	Líq. Incoloro a lig. amarillo	N	6,0%
Densidad	1,24 - 1,32 g/mL	P_2O_5	18,0%
pH al 1%	5 a 9		

Fertilizante: FER 07

Composición: 0 – 0 – 0 + 0.04B + 3.0Fe + 0.25Mn + 1.0Mg + 4Zn + 2.86S + 0.002Co + 0.04Cu + 0.05Mo

Materiales:

Materiales	% Pureza	Aporte	% Adición (p/p)	Función
Agua	99	-	67.484	Diluyente
Octaborato de sodio tetra hidratado	99	21%B	0.19	Nutriente
Sulfato de cobre pentahidratado	99	25,0%Cu 12.8% S	0.16	Nutriente
Sulfato de manganeso	99	32,0% Mn 18,0% S	0.78	Nutriente
Sulfato ferroso	99	19,0% Fe 12,0% S	15.79	Nutriente
Sulfato de magnesio	99	16% MgO 13% S	6.25	Nutriente
Cloruro de zinc	99	46,0% Zn	8.69	Nutriente
Molibdato de sodio dihidratado	99	39%Mo	0.13	Nutriente
Sulfato de cobalto	20	7.6% Co 4.14% S	0.026	Nutriente
Propilenglicol	99	-	0.5	Anticongelante, adherente, humectante

Equipo de protección personal: Guantes de nitrilo, lentes de seguridad, mandil de pvc, mascarilla para polvos.

Instrucciones de fabricación:

1. Se adiciona 67.484% de agua en un recipiente adecuado.
2. Se incorpora 0.19% de octaborato de sodio tetra hidratado y se agita a velocidad constante hasta su completa solubilización.
3. Se agrega 0.16% de sulfato de cobre pentahidratado a la solución en agitación constante hasta que se disuelva completamente.
4. Se adiciona 0.78% de sulfato de manganeso lentamente a la solución en agitación constante hasta su completa homogeneización.
5. Se incorpora 15.79% de sulfato ferroso a la mezcla y se agita hasta su completa solubilización.
6. Se agrega 6.25% de sulfato de magnesio lentamente hasta su completa homogeneización.
7. Se adiciona 8.69% de cloruro de zinc a la mezcla y se agita hasta su solubilización completa.
8. Se incorpora 0.13% de molibdato de sodio dihidratado a la mezcla y hasta obtener una solución homogénea.
9. Se agrega 0.026% de sulfato de cobalto a la solución y se agita hasta que la mezcla sea homogénea.
10. Se incorpora 0.5% de propilenglicol a la mezcla y se agita hasta obtener una solución homogénea.

Especificaciones del fertilizante:

Parámetro	Especificación	Parámetro	Especificación
Apariencia	Líq. lig. café	Mg	1,0%
Densidad	1,15 - 1,22 g/mL	Zn	4,0%
pH al 1%	4 a 8	S	2,86%
B	0,04%	Co	0,002%
Fe	3,0%	Cu	0,04%
Mn	0,25%	Mo	0,05%

Fertilizante: FER 08

Composición: 10 – 6 – 6 + 0.1B + 2.16S + 0.5% Ác. carboxílico + 0.05% Giberelinas + 0.04% Citocininas

Materiales:

Materiales	% Pureza	Aporte	% Adición (p/p)	Función
Agua	99	-	54.405	Diluyente
Octaborato de sodio tetra hidratado	99	21%B	0.48	Nutriente
Ác. maleico	99	48.04%C	0.5	Nutriente
Fosfato monoamónico	98	12%N / 61% P_2O_5	9.84	Nutriente
Urea	99	46,0%N	19.18	Nutriente
Sulfato de potasio	99	50,0% K_2O / 18,0% S	12	Nutriente
DMSO	99	-	3	Disolvente
Ácido giberélico	90	90%	0.055	Bioestimulante
6-Bencil amino purina	99	99%	0.04	Bioestimulante
Trietanolamina	99	-	0.5	Anticongelante, adherente, humectante

Equipo de protección personal: Guantes de nitrilo, lentes de seguridad, mandil de pvc, mascarilla para polvos.

Instrucciones de fabricación:

MEZCLA 1

1. Se adiciona 54.405% de agua en un recipiente adecuado.
2. Se incorpora 0.48% de octaborato de sodio tetra hidratado y se agita a velocidad constante hasta su completa solubilización.
3. Se agrega 0.5% de ácido maleico a la solución en agitación constante hasta que se disuelva completamente.
4. Se adiciona 9.84% de fosfato monoamónico lentamente a la solución en agitación constante hasta su completa homogeneización.
5. Se incorpora 19.18% de urea a la mezcla y se agita hasta su completa solubilización.
6. Se agrega 12.0% de sulfato de potasio lentamente hasta su completa homogeneización.

MEZCLA 2

7. Se adiciona 3.0% de dimetilsulfóxido en un recipiente por separado, se adiciona 0.055% de ácido giberélico y 0.04% de 6-Bencil amino purina a la mezcla, y se agita hasta su completa solubilización.

MEZCLA FINAL

8. Posteriormente se agrega la "mezcla 2" en la "mezcla 1" lentamente hasta su disolución completa.
9. Se agrega 0.5% de trietanolamina a la solución y se agita hasta que la mezcla sea homogénea.

Especificaciones del fertilizante:

Parámetro	Especificación	Parámetro	Especificación
Apariencia	Líq. lig. café	B	0,1%
Densidad	1,25 - 1,32 g/mL	S	2,16%
pH al 1%	4 a 8	Ác. carboxílico	0,5%
N	10,0%	Giberelinas	0,05%
P_2O_5	6,0%	Citocininas	0,04%
K_2O	6,0%		

Fertilizante: FER 09

Composición: 2 – 20 – 1 + 5% Algas marinas + 0.4% Auxinas + 0.5% Giberelinas + 0.6% Citocininas

Materiales:

Materiales	% Pureza	Aporte	% Adición (p/p)	Función
Agua	99	-	54.04	Diluyente
Ácido fosfórico	85	61,5% P_2O_5	15.96	Nutriente
Fosfato monoamónico	98	12,0% N 61,0% P_2O_5	16.7	Nutriente
Algas marinas	80	18% K_2O	6.25	Nutriente
DMSO	99	-	5	Disolvente
Ácido Giberélico	90	90%	0.55	Hormonal
6-Bencil amino purina	99	99%	0.6	Hormonal
Ácido 3-Indol Acético	99	99%	0.2	Hormonal
Ácido 3-Indolbutírico	99	99%	0.2	Hormonal
Propilenglicol	99	-	0.5	Anticongelante, adherente, humectante

Equipo de protección personal: Guantes de nitrilo, lentes de seguridad, mandil de pvc, mascarilla para polvos.

Instrucciones de fabricación:

MEZCLA 1

1. Se adiciona 54.04% de agua en un recipiente adecuado.
2. Se incorpora 15.96% de ácido fosfórico y se agita a velocidad constante hasta su completa solubilización (Esta adición puede elevar la temperatura de la solución).
3. Se agrega 16.7% de fosfato monoamónico a la solución en agitación constante hasta que se disuelva completamente.
4. Se adiciona 6.25% de algas marinas a la solución en agitación constante hasta su completa homogeneización.

MEZCLA 2

5. Se adiciona 5.0% de dimetilsulfóxido en un recipiente por separado, se adiciona 0.55% de ácido giberélico, 0.6% de 6-bencil amino purina, 0.2% de ácido 3-indol acético y 0.2% de ácido 3-indolbutírico a la mezcla, y se agita hasta su completa solubilización.

MEZCLA FINAL

6. Posteriormente se agrega la "mezcla 2" en la "mezcla 1" lentamente hasta su disolución completa.
7. Se agrega 0.5% de Propilenglicol a la solución y se agita hasta que la mezcla sea homogénea.

Especificaciones del fertilizante:

Parámetro	Especificación	Parámetro	Especificación
Apariencia	Líq. lig. café	K2O	1.0%
Densidad	1,25 - 1,32 g/mL	Algas marinas	5.0%
pH al 1%	3 a 6	Áuxinas	0.4%
N	2.0%	Giberelinas	0.5%
P2O5	20.0%	Citocininas	0.6%

Fertilizante: FER 10

Composición: 11.5 − 9.1 − 6 + 0.23S + 0.025CaO + 0.025Mg + 0.036B + 0.04Cu + 0.05Fe + 0.036Mn + 0.005Mo + 0.08Zn + 0.003% Auxinas + 0.004% Vitamina B1

Materiales:

Materiales	% Pureza	Aporte	% Adición (p/p)	Función
Agua	99	-	54.379	Diluyente
Octaborato de sodio tetrahidratado	99	21%B	0.18	Nutriente
Cloruro de calcio	94	36% CaO	0.07	Nutriente
Cloruro de zinc	99	46,0% Zn	0.18	Nutriente
Sulfato de cobre pentahidratado	99	25,0%Cu / 12.8% S	0.16	Nutriente
Sulfato de manganeso	99	32,0% Mn / 18,0% S	0.12	Nutriente
Sulfato ferroso	99	19,0% Fe / 12,0% S	0.27	Nutriente
Sulfato de magnesio	99	16% MgO / 13% S	0.16	Nutriente
Molibdato de sodio dihidratado	99	39%Mo	0.014	Nutriente
Sulfato de amonio	99	21,0% N / 24,0% S	0.56	Nutriente
Fosfato monopotásico	99	52,0% P_2O_5 / 34,0% K_2O	17.65	Nutriente
Urea	99	46,0% N	24.75	Nutriente
DMSO	99	-	1	Disolvente
Ácido 3-Indol Acético	99	99%	0.003	Bioestimulante
Vitamina B1	99	99%	0.004	Bioestimulante
Propilenglicol	99	-	0.5	Anticongelante, humectante

Equipo de protección personal: Guantes de nitrilo, lentes de seguridad, mandil de pvc, mascarilla para polvos.

Instrucciones de fabricación:

MEZCLA 1

1. Se adiciona 54.379% de agua en un recipiente adecuado.
2. Se incorpora 0.18% de octaborato de sodio tetra hidratado y se agita a velocidad constante hasta su completa solubilización.
3. Se agrega 0.07% de cloruro de calcio a la solución en agitación constante hasta que se disuelva completamente.
4. Se adiciona 0.16% de sulfato de cobre pentahidratado a la solución en agitación constante hasta su completa homogeneización.
5. Se incorpora 0.12% de sulfato de manganeso a la mezcla, y se agita hasta su completa disolución.
6. Se agrega 0.27% de sulfato ferroso a la mezcla y se agita hasta su completa homogeneización.
7. Se adiciona 0.16% de sulfato de magnesio en agitación constante hasta su completa solubilización.
8. Se incorpora 0.014% de molibdato de sodio dihidratado a la mezcla y se agita hasta su disolución completa.
9. Se agrega 0.56% de sulfato de amonio y se agita hasta su completa homogeneización.
10. Se adiciona 17.65% de fosfato monopotásico a la mezcla, en agitación constante hasta su solubilización completa.
11. Se incorpora 24.75% de urea a la solución y se agita hasta obtener la disolución de los materiales.

MEZCLA 2

12. Se adiciona 1.0% de dimetilsulfóxido en un recipiente por separado, se adiciona 0.003% de ácido 3-indol acético y 0.004% de vitamina B1 a la mezcla, y se agita hasta su completa solubilización.

MEZCLA FINAL

13. Posteriormente se agrega la "mezcla 2" en la "mezcla 1" lentamente hasta su disolución completa.
14. Se agrega 0.5% de Propilenglicol a la solución y se agita hasta que la mezcla sea homogénea.

Especificaciones del fertilizante:

Parámetro	Especificación	Parámetro	Especificación
Apariencia	Líq. Lig. Amarillo a café	B	0.036%
Densidad	1,25 - 1,32 g/mL	Cu	0.04%
pH al 1%	3 a 6	Fe	0.05%
N	2.0%	Mn	0.036%
P2O5	20.0%	Mo	0.005%
K2O	9.1%	Zn	0.08%
S	0.23%	Auxinas	0.003%
CaO	0.025%	Vitamina B1	0.004%
Mg	0.025%		

Fertilizante: FER 11

Composición: 2 – 20 – 1 + 5% Algas marinas + 0.4% Auxinas + 0.5% Giberelinas + 0.6% Citocininas

Materiales:

Materiales	% Pureza	Aporte	% Adición (p/p)	Función
Agua	99	-	54.04	Diluyente
Ácido fosfórico	85	61,5% P_2O_5	15.96	Nutriente

Fosfato monoamónico	98	12,0% N 61,0% P_2O_5	16.7	Nutriente
Algas marinas	80	18% K_2O	6.25	Nutriente
DMSO	99	-	5	Disolvente
Ácido Giberélico	90	90%	0.55	Bioestimulante
6-Bencil amino purina	99	99%	0.6	Bioestimulante
Ácido 3-Indol Acético	99	99%	0.2	Bioestimulante
Ácido 3-Indolbutírico	99	99%	0.2	Bioestimulante
Propilenglicol	99	-	0.5	Anticongelante, adherente, humectante

Equipo de protección personal: Guantes de nitrilo, lentes de seguridad, mandil de pvc, mascarilla para polvos.

Instrucciones de fabricación:

MEZCLA 1

8. Se adiciona 54.04% de agua en un recipiente adecuado.

9. Se incorpora 15.96% de ácido fosfórico y se agita a velocidad constante hasta su completa solubilización (Esta adición puede elevar la temperatura de la solución).

10. Se agrega 16.7% de fosfato monoamónico a la solución en agitación constante hasta que se disuelva completamente.

11. Se adiciona 6.25% de algas marinas a la solución en agitación constante hasta su completa homogeneización.

MEZCLA 2

12. Se adiciona 5.0% de dimetilsulfóxido en un recipiente por separado, se adiciona 0.55% de ácido giberélico, 0.6% de 6-bencil amino purina, 0.2% de ácido 3-indol acético y 0.2% de ácido 3-indolbutírico a la mezcla, y se agita hasta su completa solubilización.

MEZCLA FINAL

13. Posteriormente se agrega la "mezcla 2" en la "mezcla 1" lentamente hasta su disolución completa.

14. Se agrega 0.5% de Propilenglicol a la solución y se agita hasta que la mezcla sea homogénea.

Especificaciones del fertilizante:

Parámetro	Especificación	Parámetro	Especificación
Apariencia	Líq. lig. café	K2O	1,0%
Densidad	1,25 - 1,32 g/mL	Algas marinas	5,0%
pH al 1%	3 a 6	Áuxinas	0,4%
N	2,0%	Giberelinas	0,5%
P2O5	20,0%	Citocininas	0,6%

Fertilizante: FER 12

Composición: 1.14 – 0.1 – 0.46 + 1.0S + 0.1CaO + 4% Ác. Húmico + 2% Ác. Fúlvico + 3% Aminoácidos

Materiales:

Materiales	% Pureza	Aporte	% Adición (p/p)	Función
Agua	99	-	81.09	Diluyente
Ácido húmico	70	8,0% K2O	5.72	Nutriente
Nitrato de calcio	99	15,0% N 26,0% CaO	0.4	Nutriente
Ácido fúlvico	80	0,19%N 0,15% K_2O	2.5	Nutriente
Aminoácidos	80	13,62%N	3.75	Nutriente
Urea	99	46,0% N	1.15	Nutriente
Sulfato de amonio	99	21,0% N 24,0% S	4.17	Nutriente
Fosfato	98	18%N	0.22	Nutriente

diamónico		46% P2O5		
Ácido ascórbico	99	-	0.5	Conservador
Propilenglicol	99	-	0.5	Anticongelante, adherente, humectante

Equipo de protección personal: Guantes de nitrilo, lentes de seguridad, mandil de pvc, mascarilla para polvos.

Instrucciones de fabricación:

1. Se adiciona 84.06% de agua en un recipiente adecuado.

2. Se incorpora 4.0% de ácido húmico lentamente y se agita a velocidad constante hasta su completa solubilización.

3. Se agrega 0.4% de nitrato de calcio a la solución en agitación constante hasta que se disuelva completamente.

4. Se adiciona 2.0% de ácido fúlvico lentamente a la solución en agitación constante hasta su completa homogeneización.

5. Se agrega 3.0% de aminoácidos a la solución y se agita hasta que la mezcla sea homogénea.

6. Se incorpora 1.15% de urea a la mezcla y se agita hasta su completa solubilización.

7. Se adiciona 4.17% de sulfato de amonio y se agita hasta obtener una mezcla homogénea.

8. Se agrega 0.22% de fosfato diamónico a la solución y se agita hasta su completa disolución.

9. Se incorpora 0.5% de ácido ascórbico a la mezcla y se agita hasta su completa solubilización.

10. Se adiciona 0.5% de propilenglicol a la solución en agitación constante hasta obtener una mezcla homogénea.

Especificaciones del fertilizante:

Parámetro	Especificación	Parámetro	Especificación
Apariencia	Líq. Cafe	S	1,0%
Densidad	1,05 - 1,10 g/mL	CaO	0,1%
pH al 1%	4 a 8	Ácido húmico	4,0%
N	1,14%	Ácido fúlvico	2,0%
P2O5	0,1%	Aminoácidos	3,0%
K2O	0,46%		

Fertilizante: FER 13

Composición: 0.023 – 0.018 – 1.7 + 15% Ác. Húmico + 10% Ác. fúlvico

Materiales:

Materiales	% Pureza	Aporte	% Adición (p/p)	Función
Agua	99	-	65.07	Diluyente
Ácido húmico	70	8,0% K_2O	21.43	Nutriente
Ácido fúlvico	80	0.19%N 0,15% K_2O	12.5	Nutriente
Ácido ascórbico	99	-	0.5	Conservador
Propilenglicol	99	-	0.5	Anticongelante, adherente, humectante

Equipo de protección personal: Guantes de nitrilo, lentes de seguridad, mandil de pvc, mascarilla para polvos.

Instrucciones de fabricación:

1. Se adiciona 65.07% de agua en un recipiente adecuado.

2. Se incorpora 21.43% de ácido húmico y se agita a velocidad constante hasta su completa solubilización.

3. Se agrega 12.5% de ácido fúlvico lentamente a la solución en agitación constante hasta que se disuelva completamente.

4. Se adiciona 0.5% de ácido ascórbico lentamente a la solución en agitación constante hasta su completa homogeneización.

5. Se agrega 0.5% de propilenglicol a la solución y se agita hasta que la mezcla sea homogénea.

Especificaciones del fertilizante:

Parámetro	Especificación	Parámetro	Especificación
Apariencia	Líq. Café	N	0,023%
Densidad	1,18 - 1,22 g/mL	P_2O_5	0,018%
pH al 1%	4 a 8	K2O	1,7%
Ácido húmico	15%	Ácido fúlvico	10,0%

Fertilizante: FER 14

Composición: 8 – 8 – 8 + 18% Algas marinas

Materiales:

Materiales	% Pureza	Aporte	% Adición (p/p)	Función
Agua	99	-	45.11	Diluyente
Urea	99	46,0% N	16.56	Nutriente
Fosfato monopotásico	80	52,0% P_2O_5 34,0% K_2O	11.62	Nutriente
Fosfato monoamónico	99	12,0% N 61,0% P_2O_5	3.21	Nutriente
Algas marinas	80	18% K_2O	22.5	Nutriente
Ácido ascórbico	99	-	0.5	Conservador
Propilenglicol	99	-	0.5	Anticongelante, adherente, humectante

Equipo de protección personal: Guantes de nitrilo, lentes de seguridad, mandil de pvc, mascarilla para polvos.

Instrucciones de fabricación:
1. Se adiciona 45.61% de agua en un recipiente adecuado.
2. Se incorpora 16.56% de urea y se agita a velocidad constante hasta su completa solubilización.
3. Se agrega 11.62% de fosfato monopotásico a la solución en agitación constante hasta que se disuelva completamente.
4. Se adiciona 3.21% de fosfato monoamónico lentamente a la solución en agitación constante hasta su completa homogeneización.
5. Se incorpora 22.5% de urea a la mezcla y se agita hasta su completa disolución.
6. Se adiciona 0.5% de ácido ascórbico a la mezcla y se agita hasta su solubilización completa.
7. Se agrega 0.5% de propilenglicol a la solución y se agita hasta que la mezcla sea homogénea.

Especificaciones del fertilizante:

Parámetro	Especificación	Parámetro	Especificación
Apariencia	Líq. Café	N	8,0%
Densidad	1,30 - 1,36 g/mL	P_2O_5	8,0%
pH al 1%	5 a 9	K_2O	8,0%
Algas marinas	18,0%		

Fertilizante: FER 15

Composición: 0 – 1.9 – 4 + 25% Ácido húmico

Materiales:

Materiales	% Pureza	Aporte	% Adición (p/p)	Función
Agua	99	-	56.71	Diluyente
Fosfato monopotásico	80	52,0% P_2O_5 34,0% K_2O	3.36	Nutriente
Fosfato monoamónico	99	12,0% N 61,0% P_2O_5	3.21	Nutriente
Ácido húmico	70	8,0% K_2O	35.72	Nutriente
Ácido ascórbico	99	-	0.5	Conservador
Propilenglicol	99	-	0.5	Anticongelante, adherente, humectante

Equipo de protección personal: Guantes de nitrilo, lentes de seguridad, mandil de pvc, mascarilla para polvos.

Instrucciones de fabricación:

1. Se adiciona 56.71% de agua en un recipiente adecuado.

2. Se incorpora 3.36% de fosfato monopotásico y se agita a velocidad constante hasta su completa solubilización.

3. Se agrega 3.21% de fosfato monoamónico lentamente a la solución en agitación constante hasta que se disuelva completamente.

4. Se incorpora 35.72% de ácido húmico a la mezcla y se agita hasta su completa disolución.

5. Se adiciona 0.5% de ácido ascórbico a la mezcla y se agita hasta su solubilización completa.

6. Se agrega 0.5% de propilenglicol a la solución y se agita hasta que la mezcla sea homogénea.

Especificaciones del fertilizante:

Parámetro	Especificación	Parámetro	Especificación
Apariencia	Líq. Café	Ácido húmico	25%
Densidad	1,24 - 1,28 g/mL	P_2O_5	1,9%
pH al 1%	4 a 8	K_2O	4,0%

Fertilizante: FER 16

Composición: 8 – 1.8 – 0.8 + 0.5% S + 5% Ácido fúlvico

Materiales:

Materiales	% Pureza	Aporte	% Adición (p/p)	Función
Agua	99	-	71.2	Diluyente
Ácido fúlvico	80	0.19%N 0,15% K_2O	6.25	Nutriente
Fosfato monopotásico	80	52,0% P_2O_5 34,0% K_2O	2.33	Nutriente
Fosfato monoamónico	99	12,0% N 61,0% P_2O_5	0.97	Nutriente
Sulfato de amonio	99	21,0% N 24,0% S	2.09	Nutriente
Urea	99	46,0% N	16.16	Nutriente
Ácido ascórbico	99	-	0.5	Conservador
Propilenglicol	99	-	0.5	Anticongelante, adherente, humectante

Equipo de protección personal: Guantes de nitrilo, lentes de seguridad, mandil de pvc, mascarilla para polvos.

Instrucciones de fabricación:

1. Se adiciona 71.2% de agua en un recipiente adecuado.
2. Se incorpora 6.25% de ácido fúlvico y se agita a velocidad constante hasta su completa solubilización.
3. Se agrega 2.33% de fosfato monopotásico lentamente a la solución en agitación constante hasta que se disuelva completamente.
4. Se incorpora 0.97% de fosfato monoamónico a la mezcla y se agita hasta su completa disolución.
5. Se agrega 2.09% de sulfato de amonio en agitación constante hasta su completa disolución.
6. Se incorpora 16.16% de urea a la solución y se agita hasta obtener su completa homogeneización.
7. Se adiciona 0.5% de ácido ascórbico a la mezcla y se agita hasta su solubilización completa.
8. Se agrega 0.5% de propilenglicol a la solución y se agita hasta que la mezcla sea homogénea.

Especificaciones del fertilizante:

Parámetro	Especificación	Parámetro	Especificación
Apariencia	Líq. Café	P_2O_5	1,8%
Densidad	1,15 - 1,20 g/mL	K_2O	0,8%
pH al 1%	4 a 8	S	0,5%
N	8%	Ácido fúlvico	5,0%

Fertilizante: FER 17

Composición: 5 – 5 – 5 + 0.5MgO + 0.8Mn + 1.0Mo + 0.5Fe + 1.1S + 1.0CaO + 0.4B + 1.2Zn + 0.8Cu + 0.6SiO2 + 2.0% Ácido fúlvico + 2.25% Ácido húmico + 0.11% Auxinas + 0.13% Citocininas + 0.105% Giberelinas

Materiales:

Materiales	% Pureza	Aporte	% Adición (p/p)	Función
Agua	99	-	40.69	Diluyente
Octaborato de sodio tetrahidratado	99	21%B	1.91	Nutriente
Cloruro de calcio	94	36% CaO	2.78	Nutriente
Cloruro de zinc	99	46,0% Zn	2.6	Nutriente
Sulfato de cobre pentahidratado	99	25,0%Cu 12.8% S	3.2	Nutriente
Sulfato de manganeso	99	32,0% Mn 18,0% S	2.5	Nutriente
Sulfato ferroso	99	19,0% Fe 12,0% S	2.64	Nutriente
Nitrato de magnesio	99	8,0% N 15,0% MgO	3.34	Nutriente
Molibdato de amonio tetrahidratado	99	54,0% Mo 12.7% N	1.86	Nutriente
Fosfato monoamónico	99	12,0% N 61,0% P_2O_5	6.94	Nutriente
Ácido fúlvico	80	0,19%N 0,15% K_2O	2.5	Nutriente
Ácido húmico	70	8,0% K_2O	3.22	Nutriente
Urea	99	46,0% N	7.96	Nutriente

Hidróxido de potasio	50	45,0% K₂O	10.0	Nutriente
Silicato de potasio	40	20,0% K₂O 30% SiO₂	2.0	Nutriente
DMSO	99	-	5.0	Disolvente
Ácido 3-Indol Acético	99	99%	0.035	Bioestimulante
Ácido 3-Indolbutírico	99	99%	0.025	Bioestimulante
Ácido alfa naftalen acético	99	99%	0.025	Bioestimulante
Ácido Beta-Naftoxiacético	98	98%	0.025	Bioestimulante
6-Bencil amino purina	99	99%	0.13	Bioestimulante
Ácido giberélico	90	90%	0.12	Bioestimulante
Trietanolamina	99	-	0.5	Anticongelante, adherente, humectante

Equipo de protección personal: Guantes de nitrilo, lentes de seguridad, mandil de pvc, mascarilla para polvos.

Instrucciones de fabricación:

MEZCLA 1

1. Se adiciona 40.96% de agua en un recipiente adecuado.

2. Se incorpora 1.91% de octaborato de sodio tetra hidratado y se agita a velocidad constante hasta su completa solubilización.

3. Se agrega 2.78% de cloruro de calcio a la solución en agitación constante hasta que se disuelva completamente.

4. Se adiciona 2.6% de cloruro de zinc a la solución en agitación constante hasta su completa homogeneización.

5. Se incorpora 3.2% de sulfato de cobre pentahidratado a la mezcla, y se agita hasta su completa disolución.

6. Se agrega 2.5% de sulfato de manganeso a la mezcla y se agita hasta su completa homogeneización.

7. Se adiciona 2.64% de sulfato ferroso en agitación constante hasta su completa solubilización.

8. Se incorpora 3.34% de nitrato de magnesio a la mezcla y se agita hasta su disolución completa.

9. Se agrega 1.86% de molibdato de amonio tetra hidratado y se agita hasta su completa homogeneización.

10. Se adiciona 6.94% de fosfato mono amónico a la mezcla, en agitación constante hasta su solubilización completa.

11. Se incorpora 2.5% de ácido fúlvico a la solución y se agita hasta obtener la disolución de los materiales.

12. Se agrega 3.22% de ácido húmico a la mezcla y se agita hasta su disolución.

13. Se adiciona 7.96% de urea a la solución en agitación constante hasta su completa homogeneización.

14. Se incorpora a la mezcla 10.0% de hidróxido de potasio a la solución y se agita hasta su completa incorporación.

15. Se agrega 2.0% de silicato de potasio a la mezcla en agitación constante hasta su disolución completa.

MEZCLA 2

16. Se adiciona 5.0% de dimetilsulfóxido en un recipiente por separado, se adiciona 0.035% de ácido 3-indol acético, 0.025% de ácido 3-Indolbutírico, 0.025% de ácido alfa naftalen acético, 0.025% de ácido beta-naftoxiacético, 0.13% de 6-Bencil amino purina y 0.12% de ácido giberélico a la mezcla, y se agita hasta su completa solubilización.

MEZCLA FINAL

17. Posteriormente se agrega la "mezcla 2" en la "mezcla 1" lentamente hasta su disolución completa.

18. Se agrega 0.5% de trietanolamina a la solución y se agita hasta que la mezcla sea homogénea.

Especificaciones del fertilizante:

Parámetro	Especificación	Parámetro	Especificación
Apariencia	Líq. Café obscuro	Fe	0,5%
Densidad	1,35 - 1,42 g/mL	S	1,1%
pH al 1%	5 a 10	CaO	1,0%
N	5,0%	B	0,4%
P_2O_5	5,0%	Zn	1,2%
K_2O	5,0%	Cu	0,8%
MgO	0,5%	$SiO2$	0,6%
Mn	0,8%	Ácido fúlvico	2,0%
Mo	1,0%	Ácido húmico	2,25%
Auxinas	0,11%	Citocininas	0,13%
Giberelinas	0,105%		

Fertilizante: FER 18

Composición: 2.3 – 5 – 0.5 + 1.1S + 1.5B + 1.0Zn + 1.0Fe + 5.0% Ácido húmico + 10.0% Aminoácidos + 0.4% Auxinas + 0.2% Citocininas

Materiales:

Materiales	% Pureza	Aporte	% Adición (p/p)	Función
Agua	99	-	52.37	Diluyente
Octaborato de sodio tetrahidratado	99	21%B	7.15	Nutriente
Sulfato de zinc	99	21,0% Zn / 10.0% S	4.77	Nutriente
Sulfato ferroso	99	19,0% Fe	5.26	Nutriente

		12,0% S		
Fosfato monoamónico	99	12,0% N 61,0% P$_2$O$_5$	8.20	Nutriente
Ácido húmico	70	8,0% K$_2$O	7.15	Nutriente
Aminoácidos	80	13,62%N	10	Nutriente
DMSO	99	-	4	Disolvente
Ácido 3-Indol Acético	99	99%	0.2	Bioestimulante
Ácido 3-Indolbutírico	99	99%	0.1	Bioestimulante
Ácido alfa naftalen acético	99	99%	0.1	Bioestimulante
6-Bencil amino purina	99	99%	0.2	Bioestimulante
Propilenglicol	99	-	0.5	Anticongelante, adherente, humectante

Equipo de protección personal: Guantes de nitrilo, lentes de seguridad, mandil de pvc, mascarilla para polvos.

Instrucciones de fabricación:

MEZCLA 1

1. Se adiciona 52.37% de agua en un recipiente adecuado.

2. Se incorpora 7.15% de octaborato de sodio tetra hidratado y se agita a velocidad constante hasta su completa solubilización.

3. Se agrega 4.77% de sulfato de zinc a la solución en agitación constante hasta que se disuelva completamente.

4. Se adiciona 5.26% de sulfato ferroso a la solución en agitación constante hasta su completa homogeneización.

5. Se incorpora 8.20% de fosfato monoamónico a la mezcla, y se agita hasta su completa disolución.

6. Se agrega 7.15% de ácido húmico a la mezcla y se agita hasta su completa homogeneización.

7. Se adiciona 10% de aminoácidos en agitación constante hasta su completa solubilización.

MEZCLA 2

8. Se adiciona 4.0% de dimetilsulfóxido en un recipiente por separado, se adiciona 0.2% de ácido 3-indol acético, 0.1% de ácido 3-indolbutírico, 0.1% de ácido alfa naftalen acético y 0.2% de 6-bencil amino purina a la mezcla, y se agita hasta su completa solubilización.

MEZCLA FINAL

9. Posteriormente se agrega la "mezcla 2" en la "mezcla 1" lentamente hasta su disolución completa.

10. Se agrega 0.5% de Propilenglicol a la solución y se agita hasta que la mezcla sea homogénea.

Especificaciones del fertilizante:

Parámetro	Especificación	Parámetro	Especificación
Apariencia	Líq. Lig. Amarillo a café	Fe	2,0%
Densidad	1,24 - 1,32 g/mL	Ácido húmico	5,0%
pH al 1%	4 a 8	Aminoácidos	8,0%
N	2,3%	Auxinas	0,4%
P_2O_5	5,0%	Citocininas	0,2%
K_2O	0,5%	B	1,5%
S	1,1%	Zn	1,0%

Fertilizante: FER 19

Composición: 4 – 12 – 8 + 0.17S + 0.1CaO + 0.1Fe + 0.1Cu + 0.1Zn + 0.1Mn + 0.2B + 8.0% Aminoácidos + 2.0% Ácido fúlvico

Materiales:

Materiales	% Pureza	Aporte	% Adición (p/p)	Función
Agua	99	-	45.47	Diluyente
Octaborato de sodio tetrahidratado	99	21%B	0.96	Nutriente
Nitrato de calcio	94	15,0% N 26,0% CaO	0.39	Nutriente
Cloruro de zinc	99	46,0% Zn	0.22	Nutriente
Ácido fosfórico	85	61,5% P_2O_5	4.96	Nutriente
Sulfato de cobre pentahidratado	99	25,0% Cu 12.8% S	0.40	Nutriente
Sulfato de manganeso	99	32,0% Mn 18,0% S	0.32	Nutriente
Sulfato ferroso	99	19,0% Fe 12,0% S	0.53	Nutriente
Fosfato monoamónico	99	12,0% N 61,0% P_2O_5	9.84	Nutriente
Fosfato monopotásico	98	52,0% P_2O_5 34,0% K_2O	11.54	Nutriente
Ácido fúlvico	80	0,19%N 0,15% K_2O	2.5	Nutriente
Aminoácidos	80	13,62%N	10.0	Nutriente
Urea	99	46,0% N	3.04	Nutriente
Hidróxido de potasio	50	45,0% K_2O	9.06	Nutriente

Trietanolamina	99	-	0.5	Anticongelante, adherente, humectante

Equipo de protección personal: Guantes de nitrilo, lentes de seguridad, mandil de pvc, mascarilla para polvos.

Instrucciones de fabricación:

1. Se adiciona 45.47% de agua en un recipiente adecuado.
2. Se incorpora 0.96% de octaborato de sodio tetra hidratado y se agita a velocidad constante hasta su completa solubilización.
3. Se agrega 0.39% de nitrato de calcio a la solución en agitación constante hasta que se disuelva completamente.
4. Se adiciona 0.22% de cloruro de zinc a la solución en agitación constante hasta su completa homogeneización.
5. Se incorpora 4.96% de ácido fosfórico a la mezcla, y se agita hasta su completa disolución.
6. Se agrega 0.4% de sulfato de cobre pentahidratado a la mezcla y se agita hasta su completa homogeneización.
7. Se adiciona 0.32% de sulfato de manganeso en agitación constante hasta su completa solubilización.
8. Se incorpora 0.53% de sulfato ferroso a la mezcla y se agita hasta su disolución completa.
9. Se agrega 9.84% de fosfato monoamónico y se agita hasta su completa homogeneización.
10. Se adiciona 11.54% de fosfato monopotásico a la mezcla, en agitación constante hasta su solubilización completa.
11. Se incorpora 2.5% de ácido fúlvico a la solución y se agita hasta obtener la disolución de los materiales.
12. Se agrega 10.0% de aminoácidos a la mezcla y se agita hasta su disolución.

13. Se adiciona 3.04% de urea a la solución en agitación constante hasta su completa homogeneización.
14. Se incorpora a la mezcla 9.06% de hidróxido de potasio a la solución y se agita hasta su completa incorporación.
15. Se agrega 0.5% de trietanolamina a la solución y se agita hasta que la mezcla sea homogénea.

Especificaciones del fertilizante:

Parámetro	Especificación	Parámetro	Especificación
Apariencia	Líq. Café obscuro	Fe	0,1%
Densidad	1,32 - 1,40 g/mL	Zn	0,1%
pH al 1%	5 a 10	Mn	0,1%
N	4,0%	B	0,2%
P_2O_5	12,0%	Cu	0,1%
K_2O	8,0%	Aminoácidos	8,0%
S	0,17%	Ácido fúlvico	2,0%
CaO	0,1%		

Fertilizante: FER 20

Composición: 2.5 – 2 – 35

Materiales:

Materiales	% Pureza	Aporte	% Adición (p/p)	Función
Agua	99	-	21.2	Diluyente
Hidróxido de potasio	99	45,0% K_2O	55.21	Nutriente
Fosfato monopotásico	98	52,0% P_2O_5 34,0% K_2O	3.85	Nutriente
Nitrato de potasio	99	13,0% N 46,0% K_2O	19.24	Nutriente

Propilenglicol	99	-	0.5	Anticongelante, adherente, humectante

Equipo de protección personal: Guantes de nitrilo, lentes de seguridad, mandil de pvc, mascarilla para polvos.

Instrucciones de fabricación:

1. Se adiciona 21.2% de agua en un recipiente adecuado.

2. Se incorpora 55.21% de hidróxido de potasio y se agita a velocidad constante hasta su completa solubilización.

3. Se agrega 3.85% de fosfato mono potásico lentamente a la solución en agitación constante hasta que se disuelva completamente.

4. Se adiciona 19.24% de nitrato de potasio lentamente a la solución en agitación constante hasta su completa homogeneización.

5. Se agrega 0.5% de propilenglicol a la solución y se agita hasta que la mezcla sea homogénea.

Especificaciones del fertilizante:

Parámetro	Especificación	Parámetro	Especificación
Apariencia	Líq. Incoloro a lig. amarillo	N	2,5%
Densidad	1,45- 1,55 g/mL	P_2O_5	2,0%
pH al 1%	7a 11	K_2O	35,0%

Fertilizante: FER 21

Composición: 0 – 0 – 0 + 8.0CaO + 2B + 2Zn

Materiales:

Materiales	% Pureza	Aporte	% Adición (p/p)	Función
Agua	99	-	63.32	Diluyente
Cloruro de calcio	99	36%	22.3	Nutriente

114

		CaO		
Octaborato de sodio tetrahidratado	99	21% B	9.53	Nutriente
Cloruro de zinc	99	46,0% Zn	4.35	Nutriente
Propilenglicol	99	-	0.5	Anticongelante, adherente, humectante

<u>Equipo de protección personal:</u> Guantes de nitrilo, lentes de seguridad, mandil de pvc, mascarilla para polvos.

<u>Instrucciones de fabricación:</u>

1. Se adiciona 63.2% de agua en un recipiente adecuado.
2. Se incorpora 22.3% de cloruro de calcio y se agita a velocidad constante hasta su completa solubilización.
3. Se agrega 9.53% de octaborato de sodio tetrahidratado lentamente a la solución en agitación constante hasta que se disuelva completamente.
4. Se adiciona 4.35% de cloruro de zinc lentamente a la solución en agitación constante hasta su completa homogeneización.
5. Se agrega 0.5% de propilenglicol a la solución y se agita hasta que la mezcla sea homogénea.

Especificaciones del fertilizante:

Parámetro	Especificación	Parámetro	Especificación
Apariencia	Líq. Incoloro a lig. amarillo	CaO	8,0%
Densidad	1,18- 1,24 g/mL	B	2,0%
pH al 1%	3 a 7	Zn	2,0%

Fertilizante: FER 22

Composición: 4 – 0 – 0 + 13.0% Aminoácidos + 0.05% Vitamina B1

Materiales:

Materiales	% Pureza	Aporte	% Adición (p/p)	Función
Agua	99	-	79.31	Diluyente
Aminoácidos	80	13,62%N	16.25	Nutriente
Urea	99	46,0%N	3.89	Nutriente
Vitamina B1	99	99%	0.05	Bioestimulante
Propilenglicol	99	-	0.5	Anticongelante, adherente, humectante

Equipo de protección personal: Guantes de nitrilo, lentes de seguridad, mandil de pvc, mascarilla para polvos.

Instrucciones de fabricación:

1. Se adiciona 79.31% de agua en un recipiente adecuado.

2. Se incorpora 16.25% de aminoácidos y se agita a velocidad constante hasta su completa solubilización.

3. Se agrega 3.89% de urea lentamente a la solución en agitación constante hasta que se disuelva completamente.

4. Se adiciona 0.05% de vitamina B1 lentamente a la solución en agitación constante hasta su completa homogeneización.

5. Se agrega 0.5% de propilenglicol a la solución y se agita hasta que la mezcla sea homogénea.

Especificaciones del fertilizante:

Parámetro	Especificación	Parámetro	Especificación
Apariencia	Líq. Incoloro a lig. amarillo	N	4.0%
Densidad	1,08- 1,14 g/mL	Aminoácidos	13.0%
pH al 1%	4 a 8	Vitamina B1	0.05%

Fertilizante: FER 23

Composición: 0 – 0 – 0.1 + 6.0B + 1.0% Ácido húmico + 1.0% Ácido fúlvico

Materiales:

Materiales	% Pureza	Aporte	% Adición (p/p)	Función
Agua	99	-	52.52	Diluyente
Ácido bórico	99	21% B	34.3	Nutriente
Monoetanolamina	99	-	10.0	Disolvente
Ácido húmico	70	8,0% K_2O	1.43	Nutriente
Ácido fúlvico	80	0,19%N 0,15% K_2O	1.25	Nutriente
Propilenglicol	99	-	0.5	Anticongelante, adherente, humectante

Equipo de protección personal: Guantes de nitrilo, lentes de seguridad, mandil de pvc, mascarilla para polvos.

Instrucciones de fabricación:

1. Se adiciona 52.52% de agua en un recipiente adecuado.

2. Se incorpora 34.3% de ácido bórico y se agita a velocidad constante hasta su completa solubilización.

3. Se agrega 10.0% de monoetanolamina lentamente a la solución en agitación constante hasta que se disuelva completamente.

4. Se adiciona 1.43% de ácido húmico lentamente a la solución en agitación constante hasta su completa homogeneización.

5. Se incorpora 1.25% de ácido fúlvico a la mezcla y se agita hasta su completa solubilización.

6. Se agrega 0.5% de propilenglicol a la solución y se agita hasta que la mezcla sea homogénea.

Especificaciones del fertilizante:

Parámetro	Especificación	Parámetro	Especificación
Apariencia	Líq. Incoloro a lig. amarillo	B	6,0%
Densidad	1,36- 1,42 g/mL	Ácido húmico	1,0%
pH al 1%	6 a 10	Ácido fúlvico	1,0%

Fertilizante: FER 24

Composición: 11 – 9.1 – 6 + 0.025CaO + 0.025MgO + 0.035Fe + 0.04Zn + 0.035Mn + 0.035Cu + 0.035B + 0.005Mo + 0.27S + 0.002Co

Materiales:

Materiales	% Pureza	Aporte	% Adición (p/p)	Función
Agua	99	-	56.10	Diluyente
Octaborato de sodio tetrahidratado	99	21%B	0.17	Nutriente
Nitrato de calcio	94	15,0% N 26,0% CaO	0.1	Nutriente
Cloruro de zinc	99	46,0% Zn	0.9	Nutriente
Nitrato de magnesio	99	8,0% N 15,0% MgO	0.17	Nutriente
Sulfato de cobre pentahidratado	99	25,0%Cu 12.8% S	0.14	Nutriente
Sulfato de manganeso	99	32,0% Mn 18,0% S	0.11	Nutriente
Sulfato ferroso	99	19,0% Fe 12,0% S	0.2	Nutriente

Sulfato de cobalto	99	7.6% Co	0.03	Nutriente
		4.14% S		
Fosfato monopotásico	98	52,0% P$_2$O$_5$	17.65	Nutriente
		34,0% K$_2$O		
Molibdato de amonio tetrahidratado	99	54,0% Mo	0.01	Nutriente
		12.7% N		
Urea	99	46,0% N	23.92	Nutriente
Propilenglicol	99	-	0.5	Anticongelante, adherente, humectante

Equipo de protección personal: Guantes de nitrilo, lentes de seguridad, mandil de pvc, mascarilla para polvos.

Instrucciones de fabricación:

1. Se adiciona 56.10% de agua en un recipiente adecuado.

2. Se incorpora 0.17% de octaborato de sodio tetra hidratado y se agita a velocidad constante hasta su completa solubilización.

3. Se agrega 0.1% de nitrato de calcio a la solución en agitación constante hasta que se disuelva completamente.

4. Se adiciona 0.9% de cloruro de zinc a la solución en agitación constante hasta su completa homogeneización.

5. Se incorpora 0.17% de nitrato de magnesio a la mezcla, y se agita hasta su completa disolución.

6. Se agrega 0.14% de sulfato de cobre pentahidratado a la mezcla y se agita hasta su completa homogeneización.

7. Se adiciona 0.11% de sulfato de manganeso en agitación constante hasta su completa solubilización.

8. Se incorpora 0.2% de sulfato ferroso a la mezcla y se agita hasta su disolución completa.

9. Se agrega 0.03% de sulfato de cobalto y se agita hasta su completa homogeneización.

10. Se adiciona 17.65% de fosfato monopotásico a la mezcla, en agitación constante hasta su solubilización completa.

11. Se incorpora 0.01% de molibdato de amonio tetrahidratado a la solución y se agita hasta obtener la disolución de los materiales.

12. Se adiciona 23.92% de urea a la solución en agitación constante hasta su completa homogeneización.

13. Se agrega 0.5% de propilenglicol a la solución y se agita hasta que la mezcla sea homogénea.

Especificaciones del fertilizante:

Parámetro	Especificación	Parámetro	Especificación
Apariencia	Líq. Lig. Amarillo a café	Fe	0,035%
Densidad	1,25 - 1,30 g/mL	Zn	0,04%
pH al 1%	4 a 9	Mn	0,035%
N	11,0%	Cu	0,035%
P_2O_5	9,1%	B	0,035%
K_2O	6,0%	Mo	0,005%
CaO	0,025%	S	0,27%
MgO	0,025%	Co	0,002%

Fertilizante: FER 25

Composición: 0 – 0 – 0 + 8.0Fe

Materiales:

Materiales	% Pureza	Aporte	% Adición (p/p)	Función
Agua	99	-	37.8	Diluyente
EDTA	39	-	20.0	Quelante
Cloruro férrico	96	19.2% Fe	41.7	Nutriente

Propilenglicol	99	-	0.5	Anticongelante, adherente, humectante

Equipo de protección personal: Guantes de nitrilo, lentes de seguridad, mandil de pvc, mascarilla para polvos.

Instrucciones de fabricación:

1. Se adiciona 37.8% de agua en un recipiente adecuado.
2. Se incorpora 20.0% de EDTA y se agita a velocidad constante hasta su completa solubilización.
3. Se agrega 41.7% de cloruro férrico lentamente a la solución en agitación constante hasta que se disuelva completamente.
4. Se agrega 0.5% de propilenglicol a la solución y se agita hasta que la mezcla sea homogénea.

Especificaciones del fertilizante:

Parámetro	Especificación	Parámetro	Especificación
Apariencia	Líq. Incoloro a lig. amarillo	pH al 1%	3 a 6
Densidad	1,15- 1,22 g/mL	Fe	8,0%

Fertilizante: FER 26

Composición: 0.5 – 2.5 – 1 + 0.15CaO + 0.3MgO + 1.0Cu + 1.32Fe + 1.0Mn + 2.0Zn + 0.007% Auxinas + 0.008% Giberelinas + 0.115% Citocininas + 8.0% Ácido húmico

Materiales:

Materiales	% Pureza	Aporte	% Adición (p/p)	Función
Agua	99	-	70.049	Diluyente
Sulfato de zinc	99	21,0% Zn 10.0% S	9.53	Nutriente
Fosfato monoamónico	99	12,0% N 61,0% P_2O_5	4.17	Nutriente

Ácido húmico	70	8,0% K_2O	11.43	Nutriente
Hidróxido de potasio	50	45,0% K_2O	0.19	Nutriente
DMSO	99	-	4	Disolvente
Ácido 3-Indol Acético	99	99%	0.007	Bioestimulante
6-Bencil amino purina	99	99%	0.115	Bioestimulante
Ácido giberélico	90	90%	0.009	Bioestimulante
Propilenglicol	99	-	0.5	Anticongelante, adherente, humectante

Equipo de protección personal: Guantes de nitrilo, lentes de seguridad, mandil de pvc, mascarilla para polvos.

Instrucciones de fabricación:

MEZCLA 1

1. Se adiciona 70.049% de agua en un recipiente adecuado.
2. Se incorpora 9.53% de sulfato de zinc y se agita a velocidad constante hasta su completa solubilización.
3. Se agrega 4.17% de fosfato monoamónico a la solución en agitación constante hasta que se disuelva completamente.
4. Se adiciona 11.43% de ácido húmico a la solución en agitación constante hasta su completa homogeneización.
5. Se incorpora 0.19% de hidróxido de potasio a la mezcla, y se agita hasta su completa disolución.

MEZCLA 2

6. Se adiciona 4.0% de dimetilsulfóxido en un recipiente por separado, se adiciona 0.007% de ácido 3-indol acético, 0.115% de 6-bencil amino purina y 0.009% de ácido giberélico a la mezcla, y se agita hasta su completa solubilización.

MEZCLA FINAL

7. Posteriormente se agrega la "mezcla 2" en la "mezcla 1" lentamente hasta su disolución completa.

8. Se agrega 0.5% de Propilenglicol a la solución y se agita hasta que la mezcla sea homogénea.

Especificaciones del fertilizante:

Parámetro	Especificación	Parámetro	Especificación
Apariencia	Líq. café	MgO	0,3%
Densidad	1,15 - 1,20 g/mL	Cu	1,0%
pH al 1%	4 a 8	Fe	1,32%
N	0,5%	Mn	1,0%
P_2O_5	2,5%	Zn	2,0%
K_2O	1,0%	Auxinas	0,007%
CaO	0,15%	Giberelinas	0,008%
Citocininas	0,115%	Ácido húmico	8,0%

Fertilizante: FER 27

Composición: 0 – 18 –18

Materiales:

Materiales	% Pureza	Aporte	% Adición (p/p)	Función
Agua	99	-	51.03	Diluyente
Fosfato monopotásico	98	52,0% P_2O_5 34,0% K_2O	34.62	Nutriente
Hidróxido de potasio	50	45,0% K_2O	13.85	Nutriente
Trietanolamina	99	-	0.5	Anticongelante, adherente, humectante

Equipo de protección personal: Guantes de nitrilo, lentes de seguridad, mandil de pvc, mascarilla para polvos.

Instrucciones de fabricación:

1. Se adiciona 51.03% de agua en un recipiente adecuado.

2. Se incorpora 34.62% de fosfato monopotásico y se agita a velocidad constante hasta su completa solubilización.

3. Se agrega 13.85% de hidróxido de potasio lentamente a la solución en agitación constante hasta que se disuelva completamente.

4. Se agrega 0.5% de trietanolamina a la solución y se agita hasta que la mezcla sea homogénea.

Especificaciones del fertilizante:

Parámetro	Especificación	Parámetro	Especificación
Apariencia	Líq. Incoloro a lig. amarillo	P_2O_5	18,0%
Densidad	1,30- 1,40 g/mL	K_2O	18,0%
pH al 1%	5 a 10		

Fertilizante: FER 28

Composición: 4 – 0 – 0 + 24% Aminoácidos

Materiales:

Materiales	% Pureza	Aporte	% Adición (p/p)	Función
Agua	99	-	69.0	Diluyente
Aminoácidos	80	13,62%N	30.0	Nutriente
Ácido ascórbico	99	-	0.5	Conservador
Propilenglicol	99	-	0.5	Anticongelante, adherente, humectante

Equipo de protección personal: Guantes de nitrilo, lentes de seguridad, mandil de pvc, mascarilla para polvos.

Instrucciones de fabricación:

1. Se adiciona 69.0% de agua en un recipiente adecuado.

2. Se incorpora 30.0% de aminoácidos y se agita a velocidad constante hasta su completa solubilización.
3. Se agrega 0.5% de ácido ascórbico lentamente a la solución en agitación constante hasta que se disuelva completamente.
4. Se agrega 0.5% de propilenglicol a la solución y se agita hasta que la mezcla sea homogénea.

Especificaciones del fertilizante:

Parámetro	Especificación	Parámetro	Especificación
Apariencia	Líq. Incoloro a lig. amarillo	N	4,0%
Densidad	1,15- 1,20 g/mL	Aminoácidos	24,0%
pH al 1%	4 a 8		

Fertilizante: FER 29

Composición: 5 – 8.2 – 5.9 + 0.086MgO + 0.007Fe + 0.002Cu + 0.01Zn + 0.75Mn + 0.4S + 0.006B + 0.02CaO + 5.0% Ácido húmico + 5.0% Aminoácidos

Materiales:

Materiales	% Pureza	Aporte	% Adición (p/p)	Función
Agua	99	-	58.31	Diluyente
Octaborato de sodio tetrahidratado	99	21%B	0.03	Nutriente
Nitrato de calcio	94	15,0% N 26,0% CaO	0.08	Nutriente
Cloruro de zinc	99	46,0% Zn	0.03	Nutriente
Nitrato de magnesio	99	8,0% N 15,0% MgO	0.58	Nutriente
Sulfato de cobre pentahidratado	99	25,0%Cu 12.8% S	0.01	Nutriente

Sulfato de manganeso	99	32,0% Mn 18,0% S	2.35	Nutriente
Sulfato ferroso	99	19,0% Fe 12,0% S	0.04	Nutriente
Fosfato monopotásico	98	52,0% P_2O_5 34,0% K_2O	15.8	Nutriente
Urea	99	46,0% N	8.87	Nutriente
Aminoácidos	80	13,62%N	6.25	Nutriente
Ácido húmico	70	8,0% K_2O	7.15	Nutriente
Propilenglicol	99	-	0.5	Anticongelante, adherente, humectante

Equipo de protección personal: Guantes de nitrilo, lentes de seguridad, mandil de pvc, mascarilla para polvos.

Instrucciones de fabricación:

1. Se adiciona 58.31% de agua en un recipiente adecuado.

2. Se incorpora 0.03% de octaborato de sodio tetra hidratado y se agita a velocidad constante hasta su completa solubilización.

3. Se agrega 0.074% de nitrato de calcio a la solución en agitación constante hasta que se disuelva completamente.

4. Se adiciona 0.03% de cloruro de zinc a la solución en agitación constante hasta su completa homogeneización.

5. Se incorpora 0.58% de nitrato de magnesio a la mezcla, y se agita hasta su completa disolución.

6. Se agrega 0.01% de sulfato de cobre pentahidratado a la mezcla y se agita hasta su completa homogeneización.

7. Se adiciona 2.35% de sulfato de manganeso en agitación constante hasta su completa solubilización.

8. Se incorpora 0.04% de sulfato ferroso a la mezcla y se agita hasta su disolución completa.

9. Se adiciona 15.8% de fosfato monopotásico a la mezcla, en agitación constante hasta su solubilización completa.

10. Se adiciona 8.87% de urea a la solución en agitación constante hasta su completa homogeneización.

11. Se incorpora 6.25% de aminoácidos a la mezcla y se agita hasta su completa solubilización.

12. Se adiciona 7.15% de ácido húmico en agitación constante hasta obtener una mezcla completamente homogénea.

13. Se agrega 0.5% de propilenglicol a la solución y se agita hasta que la mezcla sea homogénea.

Especificaciones del fertilizante:

Parámetro	Especificación	Parámetro	Especificación
Apariencia	Líq. Lig. Amarillo a café	Cu	0,002%
Densidad	1,40 - 1,45 g/mL	Zn	0,01%
pH al 1%	4 a 9	Mn	0,75%
N	5,0%	S	0.04%
P_2O_5	8,2%	B	0,006%
K_2O	5,9%	CaO	0,02%
MgO	0,086%	Ácido húmico	5,0%
Fe	0,007%	Aminoácidos	5,0%

Fertilizante: FER 30

Composición: 3.6 – 4.6 – 3 + 0.008% B + 0.06% Zn + 0.7% Fe + 0.04% Mn + 0.01% Mo + 0.04% Cu + 0.48% S + 12.0% Aminoácidos

Materiales:

Materiales	% Pureza	Aporte	% Adición (p/p)	Función
Agua	99	-	63.667	Diluyente
Octaborato de sodio tetrahidratado	99	21%B	0.039	Nutriente
Cloruro de zinc	99	46,0% Zn	0.140	Nutriente
Molibdato de amonio tetrahidratado	99	54,0% Mo / 12.7% N	0.019	Nutriente
Sulfato de cobre pentahidratado	99	25,0%Cu / 12.8% S	0.160	Nutriente
Sulfato de manganeso	99	32,0% Mn / 18,0% S	0.125	Nutriente
Sulfato ferroso	99	19,0% Fe / 12,0% S	3.690	Nutriente
Fosfato monopotásico	98	52,0% P_2O_5 / 34,0% K_2O	8.830	Nutriente
Urea	99	46,0% N	7.83	Nutriente
Aminoácidos	80	13,62%N	15.0	Nutriente
Propilenglicol	99	-	0.5	Anticongelante, adherente, humectante

Equipo de protección personal: Guantes de nitrilo, lentes de seguridad, mandil de pvc, mascarilla para polvos.

Instrucciones de fabricación:

1. Se adiciona 63.667% de agua en un recipiente adecuado.

2. Se incorpora 0.039% de octaborato de sodio tetrahidratado y se agita a velocidad constante hasta su completa solubilización.
3. Se agrega 0.14% de cloruro de zinc a la solución en agitación constante hasta que se disuelva completamente.
4. Se adiciona 0.019% de molibdato de amonio tetrahidratado a la solución en agitación constante hasta su completa homogeneización.
5. Se incorpora 0.16% de sulfato de cobre pentahidratado a la mezcla, y se agita hasta su completa disolución.
6. Se agrega 0.125% de sulfato de manganeso a la mezcla y se agita hasta su completa homogeneización.
7. Se adiciona 3.69% de sulfato ferroso en agitación constante hasta su completa solubilización.
8. Se incorpora 8.83% de fosfato monopotásico a la mezcla y se agita hasta su disolución completa.
9. Se adiciona 7.83% de urea a la mezcla, en agitación constante hasta su solubilización completa.
10. Se incorpora 15.0% de aminoácidos a la solución y se agita hasta obtener la disolución de los materiales.
11. Se agrega 0.5% de propilenglicol a la solución y se agita hasta que la mezcla sea homogénea.

Especificaciones del fertilizante:

Parámetro	Especificación	Parámetro	Especificación
Apariencia	Líq. Café	Fe	0,7%
Densidad	1,18 - 1,24 g/mL	Mn	0,04%
pH al 1%	4 a 8	Mo	0,01%
N	3,6%	Cu	0,04%
P_2O_5	4,6%	S	0,48%
K_2O	3,0%	Zn	0,06%
B	0,008%	Aminoácidos	12,0%

Fertilizante: FER 31

Composición: 0 – 3.8 – 2.5 + 0.3Zn + 0.14S + 0.3% Vitamina B3 + 0.3% Auxinas

Materiales:

Materiales	% Pureza	Aporte	% Adición (p/p)	Función
Agua	99	-	87.11	Diluyente
Sulfato de zinc	99	21,0% Zn	1.43	Nutriente
		10.0% S		
Fosfato monopotásico	98	52,0% P_2O_5	7.36	Nutriente
		34,0% K_2O		
DMSO	99	-	3	Disolvente
Ácido 3-Indolbutírico	99	99%	0.3	Bioestimulante
Vitamina B3	99	99%	0.3	Bioestimulante
Propilenglicol	99	-	0.5	Anticongelante, adherente, humectante

Equipo de protección personal: Guantes de nitrilo, lentes de seguridad, mandil de pvc, mascarilla para polvos.

Instrucciones de fabricación:

MEZCLA 1

1. Se adiciona 87.11% de agua en un recipiente adecuado.

2. Se incorpora 1.43% de sulfato de zinc y se agita a velocidad constante hasta su completa solubilización.

3. Se agrega 7.36% de fosfato monopotásico a la solución en agitación constante hasta que se disuelva completamente.

MEZCLA 2

4. Se adiciona 3.0% de dimetilsulfóxido en un recipiente por separado, se adiciona 0.3% de ácido 3-Indolbutírico y 0.3% de

vitamina B3 a la mezcla, y se agita hasta su completa solubilización.

MEZCLA FINAL

5. Posteriormente se agrega la "mezcla 2" en la "mezcla 1" lentamente hasta su disolución completa.

6. Se agrega 0.5% de Propilenglicol a la solución y se agita hasta que la mezcla sea homogénea.

Especificaciones del fertilizante:

Parámetro	Especificación	Parámetro	Especificación
Apariencia	Líq. café	Zn	0,3%
Densidad	1,15 - 1,20 g/mL	S	0,14%
pH al 1%	4 a 8	Vitamina B3	0,3%
P_2O_5	3,8%	Auxinas	0,3%
K_2O	2,5%		

Fertilizante: FER 32

Composición: 2.0 – 0 – 1.5 + 0.16B + 0.14Zn + 0.12Mn + 0.14CaO + 0.16% Citocininas + 12.0% Aminoácidos

Materiales:

Materiales	% Pureza	Aporte	% Adición (p/p)	Función
Agua	99	-	77.53	Diluyente
Octaborato de sodio tetrahidratado	99	21%B	0.77	Nutriente
Cloruro de zinc	99	46,0% Zn	0.31	Nutriente
Cloruro de calcio	94	36% CaO	0.39	Nutriente
Aminoácidos	80	13,62%N	15.0	Nutriente
Hidróxido de potasio	50	45,0% K_2O	3.34	Nutriente
DMSO	99	-	2.0	Disolvente
6-Bencil amino	99	99%	0.16	Bioestimulante

purina				
Trietanolamina	99	-	0.5	Anticongelante, adherente, humectante

Equipo de protección personal: Guantes de nitrilo, lentes de seguridad, mandil de pvc, mascarilla para polvos.

Instrucciones de fabricación:

MEZCLA 1

1. Se adiciona 77.53% de agua en un recipiente adecuado.
2. Se incorpora 0.77% de octaborato de sodio tetrahidratado y se agita a velocidad constante hasta su completa solubilización.
3. Se agrega 0.31% de cloruro de zinc a la solución en agitación constante hasta que se disuelva completamente.
4. Se adiciona 0.39% de cloruro de calcio a la solución en agitación constante hasta su completa homogeneización.
5. Se incorpora 15% de aminoácidos a la mezcla, y se agita hasta su completa disolución.
6. Se carga 3.34% de hidróxido de potasio a la solución y se agita hasta su completa solubilización.

MEZCLA 2

7. Se adiciona 2.0% de dimetilsulfóxido en un recipiente por separado, se adiciona 0.16% de 6-Bencil amino purina, y se agita hasta su completa solubilización.

MEZCLA FINAL

8. Posteriormente se agrega la "mezcla 2" en la "mezcla 1" lentamente hasta su disolución completa.

Se agrega 0.5% de trietanolamina a la solución y se agita hasta que la mezcla sea homogénea.

Especificaciones del fertilizante:

Parámetro	Especificación	Parámetro	Especificación
Apariencia	Líq. Café	B	0,16%
Densidad	1,10 - 1,16 g/mL	Zn	0,14%
pH al 1%	5 a 10	Mn	0,12%
N	2,0%	CaO	0,14%
K_2O	1,5%	Citocininas	0,16%
Aminoácidos	12,0%		

Fertilizante: FER 33

Composición: 0 – 0 – 1.3 + 12.0% Ácido húmico

Materiales:

Materiales	% Pureza	Aporte	% Adición (p/p)	Función
Agua	99	-	81.85	Diluyente
Ácido húmico	70	8,0% K_2O	17.15	Nutriente
Ácido ascórbico	99	-	0.5	Conservador
Propilenglicol	99	-	0.5	Anticongelante, adherente, humectante

Equipo de protección personal: Guantes de nitrilo, lentes de seguridad, mandil de pvc, mascarilla para polvos.

Instrucciones de fabricación:

1. Se adiciona 81.15% de agua en un recipiente adecuado.

2. Se incorpora 17.15% de ácido húmico y se agita a velocidad constante hasta su completa solubilización.

3. Se agrega 0.5% de hidróxido de potasio lentamente a la solución en agitación constante hasta que se disuelva completamente.

4. Se agrega 0.5% de propilenglicol a la solución y se agita hasta que la mezcla sea homogénea.

Especificaciones del fertilizante:

Parámetro	Especificación	Parámetro	Especificación
Apariencia	Líq. Café	K_2O	1.3%
Densidad	1,07- 1,12 g/mL	Ácido húmico	12.0%
pH al 1%	4 a 8		

Fertilizante: FER 34

Composición: 0.6 – 0 – 0.4 + 25.0% Ácido fúlvico

Materiales:

Materiales	% Pureza	Aporte	% Adición (p/p)	Función
Agua	99	-	67.75	Diluyente
Ácido fúlvico	80	0,19%N 0,15% K_2O	31.25	Nutriente
Ácido ascórbico	99	-	0.5	Conservador
Propilenglicol	99	-	0.5	Anticongelante, adherente, humectante

Equipo de protección personal: Guantes de nitrilo, lentes de seguridad, mandil de pvc, mascarilla para polvos.

Instrucciones de fabricación:

1. Se adiciona 67.75% de agua en un recipiente adecuado.

2. Se incorpora 31.25% de ácido fúlvico y se agita a velocidad constante hasta su completa solubilización.

3. Se agrega 0.5% de hidróxido de potasio lentamente a la solución en agitación constante hasta que se disuelva completamente.

4. Se agrega 0.5% de propilenglicol a la solución y se agita hasta que la mezcla sea homogénea.

Especificaciones del fertilizante:

Parámetro	Especificación	Parámetro	Especificación
Apariencia	Líq. Café	N	0,6%
Densidad	1,017- 1,22 g/mL	K_2O	0,4%
pH al 1%	4 a 8	Ácido húmico	25,0%

Fertilizante: FER 35

Composición: 3.8 − 5 − 3.8 + 1.0S + 1.0CaO + 0.62MgO + 1.12Fe + 0.5Mn + 0.15Cu + 0.1Zn + 0.05B + 0.005Co + 0.001Mo + 5.0% Ácido húmico + 2.0% Ácido fúlvico + 2.0% Ácido carboxílico

Materiales:

Materiales	% Pureza	Aporte	% Adición (p/p)	Función
Agua	99	-	52.9488	Diluyente
Octaborato de sodio tetrahidratado	99	21%B	0.24	Nutriente
Nitrato de calcio	94	15,0% N 26,0% CaO	3.85	Nutriente
Cloruro de zinc	99	46,0% Zn	0.22	Nutriente
Molibdato de amonio tetrahidratado	99	54,0% Mo 12.7% N	0.002	Nutriente
Nitrato de magnesio	99	8,0% N 15,0% MgO	4.14	Nutriente
Sulfato de cobre pentahidratado	99	25,0%Cu 12.8% S	0.6	Nutriente
Sulfato de	99	32,0%	1.57	Nutriente

manganeso		Mn		
		18,0% S		
Sulfato de cobalto	99	7.6% Co	0.07	Nutriente
		4.14% S		
Sulfato ferroso	99	19,0% Fe	5.90	Nutriente
		12,0% S		
Fosfato monopotásico	98	52,0% P_2O_5	9.62	Nutriente
		34,0% K_2O		
Fosfato monoamónico	98	12,0% N	2.04	Nutriente
		61,0% P_2O_5		
Urea	99	46,0% N	6.29	Nutriente
Ácido maleico	99	48.04%C	2.0	Nutriente
Ácido fúlvico	80	0,19%N	2.86	Nutriente
		0,15% K_2O		
Ácido húmico	70	8,0% K_2O	7.15	Nutriente
Propilenglicol	99	-	0.5	Anticongelante, adherente, humectante

Equipo de protección personal: Guantes de nitrilo, lentes de seguridad, mandil de pvc, mascarilla para polvos.

Instrucciones de fabricación:

1. Se adiciona 52.948% de agua en un recipiente adecuado.

2. Se incorpora 0.24% de octaborato de sodio tetra hidratado y se agita a velocidad constante hasta su completa solubilización.

3. Se agrega 3.85% de nitrato de calcio a la solución en agitación constante hasta que se disuelva completamente.

4. Se adiciona 0.22% de cloruro de zinc a la solución en agitación constante hasta su completa homogeneización.

5. Se incorpora 0.002% de molibdato de amonio tetrahidratado a la mezcla, y se agita hasta su completa disolución.
6. Se adiciona 4.14% de nitrato de magnesio a la mezcla y se adiciona en agitación constante hasta obtener su completa solubilización.
7. Se agrega 0.6% de sulfato de cobre pentahidratado a la mezcla y se agita hasta su completa homogeneización.
8. Se adiciona 1.57% de sulfato de manganeso en agitación constante hasta su completa solubilización.
9. Se incorpora 0.07% de sulfato de cobalto a la mezcla y se agita hasta su disolución completa.
10. Se adiciona 5.9% de sulfato ferroso a la mezcla, en agitación constante hasta su solubilización completa.
11. Se incorpora 9.62% de fosfato monopotásico a la solución y se agita hasta obtener la disolución de los materiales.
12. Se adiciona 2.04% de fosfato monoamónico a la solución en agitación constante hasta su completa homogeneización.
13. Se incorpora 6.29% de urea a la mezcla y se agita hasta su completa solubilización.
14. Se adiciona 2.0% de ácido maleico en agitación constante hasta obtener una mezcla completamente homogénea.
15. Se incorpora 2.86% de ácido fúlvico a la mezcla y de agita hasta su disolución.
16. Se adiciona 7.15% de ácido húmico a la solución y se agrita hasta su completa homogeneización.
17. Se agrega 0.5% de propilenglicol a la solución y se agita hasta que la mezcla sea homogénea.

Especificaciones del fertilizante:

Parámetro	Especificación	Parámetro	Especificación
Apariencia	Líq. Café	MgO	0,62%
Densidad	1,32 - 1,40 g/mL	Fe	1,12%
pH al 1%	4 a 10	Mn	0,5%
N	3,8%	Cu	0,15%
P_2O_5	5,0%	Zn	0,1%
K_2O	3,8%	B	0,05%
S	1,0%	Co	0,005%
CaO	1,0%	Mo	0,001%
Ácido húmico	5,0%	Ácido Fúlvico	2,0%
Ácido carboxílico	2,0%		

Fertilizante: FER 36

Composición: 1 – 7 – 5 + 0.85S + 0.6CaO + 0.5MgO + 1.0Fe + 0.3Mn + 0.1Cu + 0.1Zn + 0.05B + 0.005Co + 0.01Mo + 5.0% Ácido húmico + 2.0% Ácido fúlvico + 2.0% Ácido carboxílico

Materiales:

Materiales	% Pureza	Aporte	% Adición (p/p)	Función
Agua	99	-	60.524	Diluyente
Octaborato de sodio tetrahidratado	99	21%B	0.24	Nutriente
Nitrato de calcio	94	15,0% N 26,0% CaO	2.31	Nutriente
Cloruro de zinc	99	46,0% Zn	0.22	Nutriente
Molibdato de sodio dihidratado	99	39,0% Mo	0.026	Nutriente
Nitrato de magnesio	99	8,0% N 15,0% MgO	3.34	Nutriente
Sulfato de cobre pentahidratado	99	25,0%Cu 12.8% S	0.4	Nutriente

Sulfato de manganeso	99	32,0% Mn 18,0% S	0.94	Nutriente
Sulfato de cobalto	99	7.6% Co 4.14% S	0.07	Nutriente
Sulfato ferroso	99	19,0% Fe 12,0% S	5.27	Nutriente
Fosfato monopotásico	98	52,0% P_2O_5 34,0% K_2O	13.03	Nutriente
Fosfato monoamónico	98	12,0% N 61,0% P_2O_5	0.37	Nutriente
Urea	99	46,0% N	0.75	Nutriente
Ácido maleico	99	48.04%C	2.0	Nutriente
Ácido fúlvico	80	0,19%N 0,15% K_2O	2.86	Nutriente
Ácido húmico	70	8,0% K_2O	7.15	Nutriente
Propilenglicol	99	-	0.5	Anticongelante, adherente, humectante

Equipo de protección personal: Guantes de nitrilo, lentes de seguridad, mandil de pvc, mascarilla para polvos.

Instrucciones de fabricación:

1. Se adiciona 60.524% de agua en un recipiente adecuado.

2. Se incorpora 0.24% de octaborato de sodio tetra hidratado y se agita a velocidad constante hasta su completa solubilización.

3. Se agrega 2.31% de nitrato de calcio a la solución en agitación constante hasta que se disuelva completamente.

4. Se adiciona 0.22% de cloruro de zinc a la solución en agitación constante hasta su completa homogeneización.

5. Se incorpora 0.026% de molibdato de sodio dihidratado a la mezcla, y se agita hasta su completa disolución.

6. Se adiciona 3.34% de nitrato de magnesio a la mezcla y se adiciona en agitación constante hasta obtener su completa solubilización.

7. Se agrega 0.4% de sulfato de cobre pentahidratado a la mezcla y se agita hasta su completa homogeneización.

8. Se adiciona 0.94% de sulfato de manganeso en agitación constante hasta su completa solubilización.

9. Se incorpora 0.07% de sulfato de cobalto a la mezcla y se agita hasta su disolución completa.

10. Se adiciona 5.27% de sulfato ferroso a la mezcla, en agitación constante hasta su solubilización completa.

11. Se incorpora 13.03% de fosfato monopotásico a la solución y se agita hasta obtener la disolución de los materiales.

12. Se adiciona 0.37% de fosfato monoamónico a la solución en agitación constante hasta su completa homogeneización.

13. Se incorpora 0.75% de urea a la mezcla y se agita hasta su completa solubilización.

14. Se adiciona 2.0% de ácido maleico en agitación constante hasta obtener una mezcla completamente homogénea.

15. Se incorpora 2.86% de ácido fúlvico a la mezcla y de agita hasta su disolución.

16. Se adiciona 7.15% de ácido húmico a la solución y se agrita hasta su completa homogeneización.

17. Se agrega 0.5% de propilenglicol a la solución y se agita hasta que la mezcla sea homogénea.

Especificaciones del fertilizante:

Parámetro	Especificación	Parámetro	Especificación
Apariencia	Líq. Café	MgO	0,5%
Densidad	1,26 - 1,34 g/mL	Fe	1,0%
pH al 1%	4 a 10	Mn	0,3%
N	1,0%	Cu	0,1%
P_2O_5	7,0%	Zn	0,1%
K_2O	5,0%	B	0,05%
S	0,85%	Co	0,005%
CaO	0,6%	Mo	0,01%
Ácido húmico	5,0%	Ácido Fúlvico	5,0%
Ácido carboxílico	3,0%		

Fertilizante: FER 37

Composición: 0 – 0 – 10.3 + 40.0% Ácido húmico

Materiales:

Materiales	% Pureza	Aporte	% Adición (p/p)	Función
Agua	99	-	29.5	Diluyente
Hidróxido de potasio	50	45,0% K_2O	12.85	Nutriente
Ácido húmico	70	8,0% K_2O	57.15	Nutriente
Trietanolamina	99	-	0.5	Anticongelante, adherente, humectante

Equipo de protección personal: Guantes de nitrilo, lentes de seguridad, mandil de pvc, mascarilla para polvos.

Instrucciones de fabricación:

1. Se adiciona 81.15% de agua en un recipiente adecuado.
2. Se incorpora 17.15% de ácido húmico y se agita a velocidad constante hasta su completa solubilización.

3. Se agrega 0.5% de hidróxido de potasio lentamente a la solución en agitación constante hasta que se disuelva completamente.

4. Se agrega 0.5% de trietanolamina a la solución y se agita hasta que la mezcla sea homogénea.

Especificaciones del fertilizante:

Parámetro	Especificación	Parámetro	Especificación
Apariencia	Líq. Café	K_2O	10,3%
Densidad	1,38- 1,46 g/mL	Ácido húmico	40,0%
pH al 1%	6 a 10		

Fertilizante: FER 38

Composición: 0 – 0 – 0 + 5.0B + 1.0Mo + 1.0% Ácido fúlvico

Materiales:

Materiales	% Pureza	Aporte	% Adición (p/p)	Función
Agua	99	-	59.1	Diluyente
Ácido bórico	99	17.5%B	28.58	Nutriente
Monoetanolamina	99	-	8.0	Disolvente
Molibdato de sodio dihidratado	99	39,0% Mo	2.57	Nutriente
Ácido fúlvico	80	0,19%N 0,15% K_2O	1.25	Nutriente
Propilenglicol	99	-	0.5	Anticongelante, adherente, humectante

Equipo de protección personal: Guantes de nitrilo, lentes de seguridad, mandil de pvc, mascarilla para polvos.

Instrucciones de fabricación:

1. Se adiciona 59.1% de agua en un recipiente adecuado.

2. Se incorpora 28.58% de ácido bórico y se agita a velocidad constante hasta su completa solubilización.

3. Se agrega 8.0% de monoetanolamina lentamente a la solución en agitación constante hasta que se disuelva completamente.

4. Se incorpora 2.57% de molibdato de sodio dihidratado a la mezcla en agitación constante hasta su completa homogeneización.

5. Se adiciona 1.25% de ácido fúlvico a la solución y se agita hasta obtener una mezcla homogénea.

6. Se agrega 0.5% de propilenglicol a la solución y se agita hasta que la mezcla sea homogénea.

Especificaciones del fertilizante:

Parámetro	Especificación	Parámetro	Especificación
Apariencia	Líq. Café	B	5,0%
Densidad	1,20 - 1,26 g/mL	Mo	1,0%
pH al 1%	5 a 9	Ácido húmico	1,0%

Fertilizante: FER 39

Composición: 0 – 0 – 0 + 2.6Fe + 2.6Zn + 1.3Mn + 1.3MgO + 4.6S

Materiales:

Materiales	% Pureza	Aporte	% Adición (p/p)	Función
Agua	99	-	61.22	Diluyente
Sulfato ferroso	99	19,0% Fe 12,0% S	13.69	Nutriente
Sulfato de zinc	99	21% Zn 10% S	12.39	Disolvente

Sulfato de manganeso	99	32,0% Mn 18,0% S	4.07	Nutriente
Sulfato de magnesio	80	16% MgO 13% S	8.13	Nutriente
Trietanolamina	99	-	0.5	Anticongelante, adherente, humectante

Equipo de protección personal: Guantes de nitrilo, lentes de seguridad, mandil de pvc, mascarilla para polvos.

Instrucciones de fabricación:

1. Se adiciona 61.22% de agua en un recipiente adecuado.

2. Se incorpora 13.69% de sulfato ferroso y se agita a velocidad constante hasta su completa solubilización.

3. Se agrega 12.39% de sulfato de zinc lentamente a la solución en agitación constante hasta que se disuelva completamente.

4. Se incorpora 4.07% de sulfato de manganeso a la mezcla en agitación constante hasta su completa homogeneización.

5. Se adiciona 8.13% de sulfato de magnesio a la solución y se agita hasta obtener una mezcla homogénea.

6. Se agrega 0.5% de trietanolamina a la solución y se agita hasta que la mezcla sea homogénea.

Especificaciones del fertilizante:

Parámetro	Especificación	Parámetro	Especificación
Apariencia	Líq. Lig. Amarillo a Café	Fe	2,6%
Densidad	1,18 - 1,24 g/mL	Zn	2,6%
pH al 1%	5 a 9	Mn	1,3%
MgO	1,3%	S	4,6%

Fertilizante: FER 40

Composición: 0 – 0 – 0 + 5.0B

Materiales:

Materiales	% Pureza	Aporte	% Adición (p/p)	Función
Agua	99	-	60.92	Diluyente
Ácido bórico	99	17.5%B	28.58	Nutriente
Monoetanolamina	99	-	10.0	Disolvente
Propilenglicol	99	-	0.5	Anticongelante, adherente, humectante

Equipo de protección personal: Guantes de nitrilo, lentes de seguridad, mandil de pvc, mascarilla para polvos.

Instrucciones de fabricación:

1. Se adiciona 60.92% de agua en un recipiente adecuado.
2. Se incorpora 28.58% de octaborato de sodio tetrahidratado y se agita a velocidad constante hasta su completa solubilización.
3. Se agrega 10.0% de monoetanolamina lentamente a la solución en agitación constante hasta que se disuelva completamente.
4. Se agrega 0.5% de propilenglicol a la solución y se agita hasta que la mezcla sea homogénea.

Especificaciones del fertilizante:

Parámetro	Especificación	Parámetro	Especificación
Apariencia	Líq. Amarillo	pH al 1%	5 a 9
Densidad	1,22 - 1,27 g/mL	B	5,0%

Fertilizante: FER 41

Composición: 0 – 0 – 0 + 9.0CaO + 2.0B + 4.0Zn

Materiales:

Materiales	% Pureza	Aporte	% Adición (p/p)	Función
Agua	99	-	47.37	Diluyente
Ácido bórico	99	17.5%B	11.43	Nutriente
Monoetanolamina	99	-	3.0	Disolvente
Cloruro de Calcio	99	36% CaO	25.0	Nutriente
Cloruro de zinc	98	46,0% Zn	8.7	Nutriente
Ácido clorhídrico	37	-	4.0	Disolvente
Propilenglicol	99	-	0.5	Anticongelante, adherente, humectante

Equipo de protección personal: Guantes de nitrilo, lentes de seguridad, mandil de pvc, mascarilla para polvos.

Instrucciones de fabricación:

1. Se adiciona 47.37% de agua en un recipiente adecuado.

2. Se incorpora 11.43% de ácido bórico y se agita a velocidad constante hasta su completa solubilización.

3. Se adiciona 3.0% de monoetanolamina a la mezcla y se agita hasta su completa disolución.

4. Se agrega 25.0% de cloruro de calcio lentamente a la solución en agitación constante hasta que se disuelva completamente.

5. Se incorpora 8.7% de cloruro de zinc a la mezcla en agitación constante hasta su completa homogeneización.

6. Se adiciona 4.0% de ácido clorhídrico a la solución y se agita hasta obtener una mezcla homogénea.

7. Se agrega 0.5% de propilenglicol a la solución y se agita hasta que la mezcla sea homogénea.

Especificaciones del fertilizante:

Parámetro	Especificación	Parámetro	Especificación
Apariencia	Líq. Incolor a lig. Amarillo	CaO	9,0%
Densidad	1,28 - 1,33 g/mL	B	2,0%
pH al 1%	3 a 6	Zn	4,0%

Fertilizante: FER 42

Composición: 0 – 12 – 18 + 0.5B + 0.05Mn + 0.06Zn + 0.04Cu + 0.04Fe + 0.05S

Materiales:

Materiales	% Pureza	Aporte	% Adición (p/p)	Función
Agua	99	-	50.94	Diluyente
Octaborato de sodio tetrahidratado	99	21%B	2.39	Nutriente
Cloruro de zinc	99	46,0% Zn	0.14	Nutriente
Sulfato de manganeso	99	32,0% Mn / 18,0% S	0.16	Nutriente
Sulfato ferroso	99	19,0% Fe / 12,0% S	0.22	Nutriente
Hidróxido de potasio	99	45,0% K_2O	22.57	Nutriente
Fosfato monopotásico	98	52,0% P_2O_5 / 34,0% K_2O	23.08	Nutriente
Trietanolamina	99	-	0.5	Anticongelante, adherente, humectante

Equipo de protección personal: Guantes de nitrilo, lentes de seguridad, mandil de pvc, mascarilla para polvos.

Instrucciones de fabricación:

1. Se adiciona 50.94% de agua en un recipiente adecuado.
2. Se incorpora 2.39% de octaborato de sodio tetra hidratado y se agita a velocidad constante hasta su completa solubilización.
3. Se agrega 0.14% de cloruro de zinc a la solución en agitación constante hasta que se disuelva completamente.
4. Se adiciona 0.16% de sulfato de manganeso a la solución en agitación constante hasta su completa homogeneización.
5. Se incorpora 0.22% de sulfato ferroso a la mezcla, y se agita hasta su completa disolución.
6. Se adiciona 22.57% de hidróxido de potasio a la mezcla y se adiciona en agitación constante hasta obtener su completa solubilización.
7. Se agrega 23.08% de fosfato monopotásico a la mezcla y se agita hasta su completa homogeneización.
8. Se agrega 0.5% de trietanolamina a la solución y se agita hasta que la mezcla sea homogénea.

Especificaciones del fertilizante:

Parámetro	Especificación	Parámetro	Especificación
Apariencia	Líq. Café	Mn	0,5%
Densidad	1,44 - 1,50 g/mL	Zn	1,0%
pH al 1%	5 a 10	Cu	0,3%
P_2O_5	12,0%	Fe	0,1%
K_2O	18,0%	S	0,05%
B	0,5%		

Fertilizante: FER 43

Composición: 1.7 – 15 – 20 + 0.23% Citocininas + 0.004% Giberelinas + 0.003% Auxinas + 10% Aminoácidos

Materiales:

Materiales	% Pureza	Aporte	% Adición (p/p)	Función
Agua	99	-	32.262	Diluyente
Hidróxido de potasio	50	45,0% K_2O	22.65	Nutriente
Fosfato monopotásico	99	52,0% P_2O_5 34,0% K_2O	28.85	Nutriente
Aminoácidos	80	13,62%N	12.5	Nutriente
DMSO	99	-	3.0	Disolvente
Kinetina	99	99%	0.23	Bioestimulante
Ácido Giberélico	90	90%	0.005	Bioestimulante
Ácido 3-Indol Acético	99	99%	0.003	Bioestimulante
Trietanolamina	99	-	0.5	Anticongelante, adherente, humectante

Equipo de protección personal: Guantes de nitrilo, lentes de seguridad, mandil de pvc, mascarilla para polvos.

Instrucciones de fabricación:

MEZCLA 1

1. Se adiciona 32.262% de agua en un recipiente adecuado.
2. Se incorpora 22.65% de hidróxido de potasio y se agita a velocidad constante hasta su completa solubilización.
3. Se agrega 28.85% de fosfato monopotásico a la solución en agitación constante hasta que se disuelva completamente.
4. Se adiciona 12.5% de aminoácidos a la solución en agitación constante hasta su completa homogeneización.

MEZCLA 2

5. Se adiciona 3.0% de dimetilsulfóxido en un recipiente por separado, se adiciona 0.23% de kinetina, 0.005% de ácido giberélico y 0.003% de ácido 3-indol acético en agitación hasta su completa solubilización.

MEZCLA FINAL

6. Posteriormente se agrega la "mezcla 2" en la "mezcla 1" lentamente hasta su disolución completa.

Se agrega 0.5% de trietanolamina a la solución y se agita hasta que la mezcla sea homogénea.

Especificaciones del fertilizante:

Parámetro	Especificación	Parámetro	Especificación
Apariencia	Líq. Café	K_2O	20,0%
Densidad	1,40 - 1,46 g/mL	Citocininas	0,23%
pH al 1%	5 a 10	Giberelinas	0,004%
N	1,7%	Auxinas	0,003%
P_2O_5	15,0%	Aminoácidos	10,0%

Fertilizante: FER 44

Composición: 7 – 9 – 5

Materiales:

Materiales	% Pureza	Aporte	% Adición (p/p)	Función
Agua	99	-	67.93	Diluyente
Fosfato monoamónico	98	12,0% N 61,0% P_2O_5	2.22	Nutriente
Fosfato monopotásico	99	52,0% P_2O_5 34,0% K_2O	14.71	Nutriente

Urea	99	46,0% N	14.64	Nutriente
Propilenglicol	99	-	0.5	Anticongelante, adherente, humectante

Equipo de protección personal: Guantes de nitrilo, lentes de seguridad, mandil de pvc, mascarilla para polvos.

Instrucciones de fabricación:

1. Se adiciona 67.93% de agua en un recipiente adecuado.

2. Se incorpora 2.22% de fosfato monoamónico y se agita a velocidad constante hasta su completa solubilización.

3. Se agrega 14.71% de fosfato monopotásico lentamente a la solución en agitación constante hasta que se disuelva completamente.

4. Se incorpora 14.64% de urea a la mezcla en agitación constante hasta su completa homogeneización.

5. Se agrega 0.5% de propilenglicol a la solución y se agita hasta que la mezcla sea homogénea.

Especificaciones del fertilizante:

Parámetro	Especificación	Parámetro	Especificación
Apariencia	Líq. Lig. Amarillo a Café	N	7,0%
Densidad	1,18 - 1,24 g/mL	P_2O_5	9,0%
pH al 1%	4 a 9	K_2O	5,0%

Fertilizante: FER 45

Composición: 16 – 4 – 8

Materiales:

Materiales	% Pureza	Aporte	% Adición (p/p)	Función
Agua	99	-	42.08	Diluyente
Hidróxido de potasio	50	45,0% K_2O	17.78	Nutriente
Fosfato monoamónico	98	12,0% N 61,0% P_2O_5	6.56	Nutriente
Urea	99	46,0% N	33.08	Nutriente
Propilenglicol	99	-	0.5	Anticongelante, adherente, humectante

Equipo de protección personal: Guantes de nitrilo, lentes de seguridad, mandil de pvc, mascarilla para polvos.

Instrucciones de fabricación:

1. Se adiciona 42.08% de agua en un recipiente adecuado.

2. Se incorpora 17.78% de hidróxido de potasio y se agita a velocidad constante hasta su completa solubilización.

3. Se agrega 6.56% de fosfato monoamónico lentamente a la solución en agitación constante hasta que se disuelva completamente.

4. Se incorpora 33.08% de urea a la mezcla en agitación constante hasta su completa homogeneización.

5. Se agrega 0.5% de propilenglicol a la solución y se agita hasta que la mezcla sea homogénea.

Especificaciones del fertilizante:

Parámetro	Especificación	Parámetro	Especificación
Apariencia	Líq. Lig. Amarillo a Café	N	16,0%
Densidad	1,38 - 1,44 g/mL	P_2O_5	4,0%
pH al 1%	5 a 10	K_2O	8,0%

Fertilizante: FER 46

Composición: 1.7 – 15 – 0 + 0.2% Auxinas + 0.06% Citocinas + 0.05% Giberelinas + 10% Aminoácidos

Materiales:

Materiales	% Pureza	Aporte	% Adición (p/p)	Función
Agua	99	-	60.08	Diluyente
Ácido fosfórico	85	61,5% P_2O_5	24.6	Nutriente
Aminoácidos	80	13,62% N	12.5	Nutriente
DMSO	99	-	2.0	Disolvente
Ácido 3-Indol Acético	99	99%	0.2	Bioestimulante
Kinetina	99	99%	0.06	Bioestimulante
Ácido Giberélico	90	90%	0.06	Bioestimulante
Propilenglicol	99	-	0.5	Anticongelante, adherente, humectante

Equipo de protección personal: Guantes de nitrilo, lentes de seguridad, mandil de pvc, mascarilla para polvos.

Instrucciones de fabricación:

<u>MEZCLA 1</u>

1. Se adiciona 60.08% de agua en un recipiente adecuado.

2. Se incorpora 24.06% de ácido fosfórico y se agita a velocidad constante hasta su completa solubilización.

3. Se adiciona 12.5% de aminoácidos a la solución en agitación constante hasta su completa homogeneización.

<u>MEZCLA 2</u>

4. Se adiciona 2.0% de dimetilsulfóxido en un recipiente por separado, se adiciona 0.2% de ácido 3-indol acético, 0.06% de kinetina y 0.06% de ácido giberélico en agitación hasta su completa solubilización.

MEZCLA FINAL

5. Posteriormente se agrega la "mezcla 2" en la "mezcla 1" lentamente hasta su disolución completa.

Se agrega 0.5% de propilenglicol a la solución y se agita hasta que la mezcla sea homogénea.

Especificaciones del fertilizante:

Parámetro	Especificación	Parámetro	Especificación
Apariencia	Líq. Café	Citocininas	0,06%
Densidad	1,22 - 1,28 g/mL	Giberelinas	0,05%
pH al 1%	4 a 8	Auxinas	0,2%
N	1,7%	Aminoácidos	10,0%
P_2O_5	15.0%		

Fertilizante: FER 47

Composición: 7 – 7 – 7

Materiales:

Materiales	% Pureza	Aporte	% Adición (p/p)	Función
Agua	99	-	64.87	Diluyente
Fosfato monoamónico	98	12,0% N 61,0% P_2O_5	11.48	Nutriente
Nitrato de potasio	99	13,0% N 46,0% K_2O	15.22	Nutriente
Urea	99	46,0% N	7.93	Nutriente
Propilenglicol	99	-	0.5	Anticongelante, adherente, humectante

Equipo de protección personal: Guantes de nitrilo, lentes de seguridad, mandil de pvc, mascarilla para polvos.

Instrucciones de fabricación:
1. Se adiciona 64.87% de agua en un recipiente adecuado.
2. Se incorpora 11.48% de fosfato monoamónico y se agita a velocidad constante hasta su completa solubilización.
3. Se agrega 15.22% de nitrato de potasio lentamente a la solución en agitación constante hasta que se disuelva completamente.
4. Se incorpora 7.93% de urea a la mezcla en agitación constante hasta su completa homogeneización.
5. Se agrega 0.5% de propilenglicol a la solución y se agita hasta que la mezcla sea homogénea.

Especificaciones del fertilizante:

Parámetro	Especificación	Parámetro	Especificación
Apariencia	Líq. Lig. Amarillo	N	7,0%
Densidad	1,18 - 1,24 g/mL	P_2O_5	7,0%
pH al 1%	4 a 9	K_2O	7,0%

Fertilizante: FER 48

Composición: 5.1 – 3 – 3 + 30.0% Aminoácidos

Materiales:

Materiales	% Pureza	Aporte	% Adición (p/p)	Función
Agua	99	-	53.92	Diluyente
Hidróxido de potasio	50	45,0% K_2O	2.31	Nutriente
Fosfato monopotásico	98	52,0% P_2O_5 34,0% K_2O	5.77	Nutriente
Aminoácidos	80	13,62% N	37.5	Nutriente

Propilenglicol	99	-	0.5	Anticongelante, adherente, humectante

Equipo de protección personal: Guantes de nitrilo, lentes de seguridad, mandil de pvc, mascarilla para polvos.

Instrucciones de fabricación:

1. Se adiciona 53.92% de agua en un recipiente adecuado.
2. Se incorpora 2.31% de hidróxido de potasio y se agita a velocidad constante hasta su completa solubilización.
3. Se agrega 5.77% de fosfato monopotásico lentamente a la solución en agitación constante hasta que se disuelva completamente.
4. Se incorpora 37.5% de aminoácidos a la mezcla en agitación constante hasta su completa homogeneización.
5. Se agrega 0.5% de propilenglicol a la solución y se agita hasta que la mezcla sea homogénea.

Especificaciones del fertilizante:

Parámetro	Especificación	Parámetro	Especificación
Apariencia	Líq. Café	N	5,1%
Densidad	1,27 - 1,32 g/mL	P_2O_5	3,0%
pH al 1%	5 a 10	K_2O	3,0%
Aminoácidos	30,0%		

Fertilizante: FER 49

Composición: 3.4 – 0 – 1.7 + 20% Aminoácidos + 15% Ácido húmico

Materiales:

Materiales	% Pureza	Aporte	% Adición (p/p)	Función
Agua	99	-	54.57	Diluyente
Ácido húmico	70	8,0%	21.43	Nutriente

		K$_2$O		
Aminoácidos	80	13,62% N	25	Nutriente
Ácido ascórbico	98	-	0.50	Conservador
Propilenglicol	99	-	0.5	Anticongelante, adherente, humectante

Equipo de protección personal: Guantes de nitrilo, lentes de seguridad, mandil de pvc, mascarilla para polvos.

Instrucciones de fabricación:

1. Se adiciona 54.57% de agua en un recipiente adecuado.
2. Se incorpora 21.43% de ácido húmico y se agita a velocidad constante hasta su completa solubilización.
3. Se agrega 25.0%% de aminoácidos lentamente a la solución en agitación constante hasta que se disuelva completamente.
4. Se incorpora 0.5% de ácido ascórbico a la mezcla en agitación constante hasta su completa homogeneización.
5. Se agrega 0.5% de propilenglicol a la solución y se agita hasta que la mezcla sea homogénea.

Especificaciones del fertilizante:

Parámetro	Especificación	Parámetro	Especificación
Apariencia	Líq. Café	K$_2$O	1.7%
Densidad	1,27 - 1,32 g/mL	Aminoácidos	20.0%
pH al 1%	4 a 10	Ácido húmico	15.0%
N	3.4%%		

Fertilizante: FER 50

Composición: 5.9 – 0 – 0 + 35% Aminoácidos + 0.01Cu + 0.01Mn + 0.05Zn + 0.02CaO + 0.02B + 0.01S

Materiales:

Materiales	% Pureza	Aporte	% Adición (p/p)	Función
Agua	99	-	55.4	Diluyente
Octaborato de sodio tetrahidratado	99	21%B	0.1	Nutriente
Cloruro de calcio	94	36% CaO	0.06	
Cloruro de zinc	99	46,0% Zn	0.11	Nutriente
Sulfato de manganeso	99	32,0% Mn	0.04	Nutriente
		18,0% S		
Sulfato de cobre pentahidratado	99	25,0% Cu	0.04	Nutriente
		12.8% S		
Aminoácidos	80	13,62% N	43.75	Nutriente
Propilenglicol	99	-	0.5	Anticongelante, adherente, humectante

Equipo de protección personal: Guantes de nitrilo, lentes de seguridad, mandil de pvc, mascarilla para polvos.

Instrucciones de fabricación:

1. Se adiciona 55.4% de agua en un recipiente adecuado.

2. Se incorpora 0.1% de octaborato de sodio tetra hidratado y se agita a velocidad constante hasta su completa solubilización.

3. Se agrega 0.06% de cloruro de calcio a la solución en agitación constante hasta que se disuelva completamente.

4. Se adiciona 0.1a% de cloruro de zinc a la solución en agitación constante hasta su completa homogeneización.

5. Se incorpora 0.04% de sulfato de cobre pentahidratado a la mezcla, y se agita hasta su completa disolución.
6. Se adiciona 43.75% de aminoácidos a la mezcla y se adiciona en agitación constante hasta obtener su completa solubilización.
7. Se agrega 0.5% de propilenglicol a la solución y se agita hasta que la mezcla sea homogénea.

Especificaciones del fertilizante:

Parámetro	Especificación	Parámetro	Especificación
Apariencia	Líq. Café	Mn	0,01%
Densidad	1,26 - 1,30 g/mL	Zn	0,05%
pH al 1%	4 a 9	CaO	0,02%
N	5,9%	B	0,02%
Cu	0,01%	S	0,01%
Aminoácidos	35,0%		

Fertilizante: FER 51

Composición: 0 – 0 – 0 + 0.03Zn + 0.02B + 0.04Mo + 0.025Fe + 0.01S + 0.02CaO + 0.4% Citocininas + 0.2% Auxinas + 0.2% Giberelinas

Materiales:

Materiales	% Pureza	Aporte	% Adición (p/p)	Función
Agua	99	-	95.16	Diluyente
Octaborato de sodio tetrahidratado	99	21%B	0.1	Nutriente
Cloruro de zinc	99	46,0% Zn	0.07	Nutriente
Cloruro de calcio	94	36% CaO	0.06	Nutriente
Molibdato de sodio dihidratado	99	39,0% Mo	0.11	Nutriente
Sulfato ferroso	99	19,0%	0.14	Nutriente

		Fe 12,0% S		
DMSO	99	-	3.0	Disolvente
6-Bencil amino purina	99	99%	0.2	Bioestimulante
Kinetina	99	99%	0.2	Bioestimulante
Ácido 3-Indol Acético	99	99%	0.2	Bioestimulante
Ácido Giberélico	90	90%	0.23	Bioestimulante
Propilenglicol	99	-	0.5	Anticongelante, adherente, humectante

Equipo de protección personal: Guantes de nitrilo, lentes de seguridad, mandil de pvc, mascarilla para polvos.

Instrucciones de fabricación:

MEZCLA 1

1. Se adiciona 95.16% de agua en un recipiente adecuado.
2. Se incorpora 0.1% de octaborato de sodio tetrahidratado y se agita a velocidad constante hasta su completa solubilización.
3. Se agrega 0.07% de cloruro de zinc a la solución en agitación constante hasta que se disuelva completamente.
4. Se adiciona 0.06% de cloruro de calcio a la solución en agitación constante hasta su completa homogeneización.
5. Se incorpora 0.11% de molibdato de sodio dihidratado a la mezcla, y se agita hasta su completa disolución.
6. Se agrega 0.14% de sulfato ferroso a la solución en agitación constante hasta su completa solubilización.

MEZCLA 2

9. Se adiciona 3.0% de dimetilsulfóxido en un recipiente por separado, se adiciona 0.2% de 6-Bencil amino purina, 0.2% de kinetina, 0.2% de ácido 3-indol acético y 0.2% de ácido giberélico, y se agitan hasta su completa solubilización.

MEZCLA FINAL

10. Posteriormente se agrega la "mezcla 2" en la "mezcla 1" lentamente hasta su disolución completa.

Se agrega 0.5% de propilenglicol a la solución y se agita hasta que la mezcla sea homogénea.

Especificaciones del fertilizante:

Parámetro	Especificación	Parámetro	Especificación
Apariencia	Líq. Incoloro a lig. amarillo	Mo	0,04%
Densidad	1,00 - 1,02 g/mL	Fe	0,025%
pH al 1%	4 a 8	S	0,01%
Zn	0,03%	CaO	0,02%
B	0,02%	Citocininas	0,4%
Auxinas	0,2%	Ácido giberélico	0,2%

Fertilizante: FER 52

Composición: 0 – 26.2 – 0 + 2.1Zn + 0.06Citocininas + 0.3% Auxinas + 0.1% Vitamina B1 + 0.1% Vitamina B2 + 0.1% Vitamina B3

Materiales:

Materiales	% Pureza	Aporte	% Adición (p/p)	Función
Agua	99	-	48.42	Diluyente
Ácido fosfórico	85	61,5% P_2O_5	42.61	Nutriente
Cloruro de zinc	99	46,0% Zn	4.57	Nutriente
DMSO	99	-	3.0	Disolvente
6-Bencil amino purina	99	99%	0.2	Bioestimulante
Kinetina	99	99%	0.2	Bioestimulante
Ácido 3-Indol Acético	99	99%	0.2	Bioestimulante
Vitamina B1	99	99%	0.1	Bioestimulante
Vitamina B2	99	99%	0.1	Bioestimulante

Vitamina B3	99	99%	0.1	Bioestimulante
Propilenglicol	99	-	0.5	Anticongelante, adherente, humectante

Equipo de protección personal: Guantes de nitrilo, lentes de seguridad, mandil de pvc, mascarilla para polvos.

Instrucciones de fabricación:

MEZCLA 1

1. Se adiciona 48.42% de agua en un recipiente adecuado.
2. Se incorpora 42.61% de ácido fosfórico y se agita a velocidad constante hasta su completa solubilización.
3. Se agrega 4.57% de cloruro de zinc a la solución en agitación constante hasta que se disuelva completamente.

MEZCLA 2

4. Se adiciona 3.0% de dimetilsulfóxido en un recipiente por separado, se adiciona 0.2% de 6-Bencil amino purina, 0.2% de kinetina, 0.2% de ácido 3-indol acético, 0.1% de vitamina b1, 0.1% de vitamina b2 y 0.1% de vitamina b3, en agitación constante hasta su completa solubilización.

MEZCLA FINAL

5. Posteriormente se agrega la "mezcla 2" en la "mezcla 1" lentamente hasta su disolución completa.
6. Se agrega 0.5% de propilenglicol a la solución y se agita hasta que la mezcla sea homogénea.

Especificaciones del fertilizante:

Parámetro	Especificación	Parámetro	Especificación
Apariencia	Líq. Incoloro a lig. amarillo	Zn	2,1%
Densidad	1,28 - 1,32 g/mL	Citocininas	0,06%
pH al 1%	3 a 7	Auxinas	0,3%
P_2O_5	26,2%	Vitamina B2	0,1%
Vitamina B1	0,1%	Vitamina B3	0,1%

Fertilizante: FER 53

Composición: 1.7 – 10 – 10 + 10% Aminoácidos + 10% Algas marinas

Materiales:

Materiales	% Pureza	Aporte	% Adición (p/p)	Función
Agua	99	-	52.57	Diluyente
Hidróxido de potasio	50	45,0% K_2O	2.69	Nutriente
Fosfato monopotásico	98	52,0% P_2O_5 / 34,0% K_2O	19.24	Nutriente
Aminoácidos	80	13,62% N	12.5	Nutriente
Algas marinas	80	18% K_2O	12.5	Nutriente
Propilenglicol	99	-	0.5	Anticongelante, adherente, humectante

Equipo de protección personal: Guantes de nitrilo, lentes de seguridad, mandil de pvc, mascarilla para polvos.

Instrucciones de fabricación:

1. Se adiciona 52.57% de agua en un recipiente adecuado.

2. Se incorpora 2.69% de hidróxido de potasio y se agita a velocidad constante hasta su completa solubilización.

3. Se agrega 19.24% de fosfato monopotásico lentamente a la solución en agitación constante hasta que se disuelva completamente.

4. Se incorpora 12.5% de aminoácidos a la mezcla en agitación constante hasta su completa homogeneización.

5. Se adiciona 12.5% de algas marinas a la solución y se agita hasta obtener su solubilización completa.

6. Se agrega 0.5% de propilenglicol a la solución y se agita hasta que la mezcla sea homogénea.

Especificaciones del fertilizante:

Parámetro	Especificación	Parámetro	Especificación
Apariencia	Líq. Café	N	1,7%
Densidad	1,27 - 1,32 g/mL	P_2O_5	10,0%
pH al 1%	5 a 10	K_2O	10,0%
Aminoácidos	10,0%	Algas marinas	10,0%

Fertilizante: FER 54

Composición: 0.6 – 0 – 6.2 + 4.0% Aminoácidos + 8.0% Ácido húmico + 8.0$SiO2$

Materiales:

Materiales	% Pureza	Aporte	% Adición (p/p)	Función
Agua	99	-	56.4	Diluyente
Aminoácidos	80	13,62% N	5.0	Nutriente
Ácido húmico	70	8% K_2O	11.43	Nutriente
Silicato de potasio	40	20,0% K_2O 30% SiO_2	26.67	Nutriente
Propilenglicol	99	-	0.5	Anticongelante, adherente, humectante

Equipo de protección personal: Guantes de nitrilo, lentes de seguridad, mandil de pvc, mascarilla para polvos.

Instrucciones de fabricación:

1. Se adiciona 56.4% de agua en un recipiente adecuado.

2. Se incorpora 5.0% de aminoácidos y se agita a velocidad constante hasta su completa solubilización.

3. Se agrega 11.43% de ácido húmico lentamente a la solución en agitación constante hasta que se disuelva completamente.

4. Se incorpora 26.67% de silicato de potasio a la mezcla en agitación constante hasta su completa homogeneización.

5. Se agrega 0.5% de propilenglicol a la solución y se agita hasta que la mezcla sea homogénea.

Especificaciones del fertilizante:

Parámetro	Especificación	Parámetro	Especificación
Apariencia	Líq. Café	N	0,6%
Densidad	1,25 - 1,29 g/mL	K_2O	6,2%
pH al 1%	5 a 10	SiO_2	8,0%
Aminoácidos	4,0%	Ácido húmico	8,0%

Fertilizante: FER 55

Composición: 6 – 6 – 0 + 3.0CaO + 1.0B + 2.3Zn + 0.3% Citocininas + 0.1% Vitamina B2 + 3.0% Aminoácidos + 3.0% Ácido fúlvico

Materiales:

Materiales	% Pureza	Aporte	% Adición (p/p)	Función
Agua	99	-	50.17	Diluyente
Octaborato de sodio tetrahidratado	99	21%B	4.77	Nutriente
Fosfato monoamónico	98	12,0% N 61,0% P_2O_5	9.84	Nutriente
Urea	99	46,0% N	10.48	
Cloruro de zinc	99	46,0% Zn	5.0	Nutriente
Cloruro de calcio	94	36% CaO	8.34	Nutriente
Aminoácidos	80	13,62%N	3.75	Nutriente
Ácido fúlvico	80	0,19%N 0,15%	3.75	

		K$_2$O		
DMSO	99	-	3.0	Disolvente
6-Bencil amino purina	99	99%	0.3	Bioestimulante
Vitamina B2	99	99%	0.1	Bioestimulante
Propilenglicol	99	-	0.5	Anticongelante, adherente, humectante

Equipo de protección personal: Guantes de nitrilo, lentes de seguridad, mandil de pvc, mascarilla para polvos.

Instrucciones de fabricación:

MEZCLA 1

1. Se adiciona 50.17% de agua en un recipiente adecuado.

2. Se incorpora 4.77% de octaborato de sodio tetrahidratado y se agita a velocidad constante hasta su completa solubilización.

3. Se agrega 9.84% de fosfato monoamónico a la solución en agitación constante hasta que se disuelva completamente

4. Se adiciona 10.48% de urea a la mezcla y se agita hasta su completa solubilización

5. Se incorpora 5.0% de cloruro de zinc a la solución en agitación constante hasta obtener una mezcla homogénea.

6. Se agrega 8.34% de cloruro de calcio a la mezcla y se agita hasta obtener una solubilización completa.

7. Se adiciona 3.75% de aminoácidos a la solución y se agita hasta su completa homogeneización.

8. Se incorpora 3.75% de ácido fúlvico a la mezcla en agitación constante hasta obtener una solución homogénea.

MEZCLA 2

9. Se adiciona 3.0% de dimetilsulfóxido en un recipiente por separado, se adiciona 0.3% de 6-Bencil amino purina y 0.1% de vitamina b2, en agitación constante hasta su completa solubilización.

MEZCLA FINAL

10. Posteriormente se agrega la "mezcla 2" en la "mezcla 1" lentamente hasta su disolución completa.

11. Se agrega 0.5% de propilenglicol a la solución y se agita hasta que la mezcla sea homogénea.

Especificaciones del fertilizante:

Parámetro	Especificación	Parámetro	Especificación
Apariencia	Líq. Café	B	1,0%
Densidad	1,29 - 1,34 g/mL	Zn	2,3%
pH al 1%	4 a 9	Citocinas	0,3%
N	6,0%	Vitamina B2	0,1%
P_2O_5	6,0%	Aminoácidos	3,0%
CaO	3,0%	Ácido fúlvico	3,0%

Fertilizante: FER 56

Composición: 0 – 1.6 – 0 + 0.06% Citocininas + 0.8% Auxinas + 0.05% Vitamina B2

Materiales:

Materiales	% Pureza	Aporte	% Adición (p/p)	Función
Agua	99	-	92.98	Diluyente
Ácido fosfórico	85	61,5% P_2O_5	2.61	Nutriente
DMSO	99	-	3.0	Disolvente
6-Bencil amino purina	99	99%	0.06	Bioestimulante
Ácido 3-Indolbutírico	99	99%	0.8	Bioestimulante
Vitamina B2	99	99%	0.05	Bioestimulante
Propilenglicol	99	-	0.5	Anticongelante, adherente, humectante

Equipo de protección personal: Guantes de nitrilo, lentes de seguridad, mandil de pvc, mascarilla para polvos.

Instrucciones de fabricación:

MEZCLA 1

1. Se adiciona 92.98% de octaborato de sodio tetrahidratado y se agita a velocidad constante hasta su completa solubilización.
2. Se agrega 2.61% de ácido fosfórico a la solución en agitación constante hasta que se disuelva completamente

MEZCLA 2

3. Se adiciona 3.0% de dimetilsulfóxido en un recipiente por separado, se adiciona 0.06% de 6-Bencil amino purina, 0.8% de ácido 3-indolbutírico y 0.05% de vitamina b2, en agitación constante hasta su completa solubilización.

MEZCLA FINAL

4. Posteriormente se agrega la "mezcla 2" en la "mezcla 1" lentamente hasta su disolución completa.
5. Se agrega 0.5% de propilenglicol a la solución y se agita hasta que la mezcla sea homogénea.

Especificaciones del fertilizante:

Parámetro	Especificación	Parámetro	Especificación
Apariencia	Líq. Café	Citocinas	0,06%
Densidad	1,29 - 1,34 g/mL	Auxinas	0,8%
pH al 1%	4 a 9	Vitamina B2	0,05%
P_2O_5	1,6%		

Fertilizante: FER 57

Composición: 15 – 0 – 15

Materiales:

Materiales	% Pureza	Aporte	% Adición (p/p)	Función
Agua	99	-	33.55	Diluyente
Hidróxido de potasio	50	45,0% K_2O	33.34	Nutriente
Urea	99	46,0% N	32.61	Nutriente
Propilenglicol	99	-	0.5	Anticongelante, adherente, humectante

Equipo de protección personal: Guantes de nitrilo, lentes de seguridad, mandil de pvc, mascarilla para polvos.

Instrucciones de fabricación:

1. Se adiciona 33.55% de agua en un recipiente adecuado.

2. Se incorpora 33.34% de hidróxido de potasio y se agita a velocidad constante hasta su completa solubilización.

3. Se agrega 32.61% de urea lentamente a la solución en agitación constante hasta que se disuelva completamente.

4. Se agrega 0.5% de propilenglicol a la solución y se agita hasta que la mezcla sea homogénea.

Especificaciones del fertilizante:

Parámetro	Especificación	Parámetro	Especificación
Apariencia	Líq. Incoloro a lig. amarillo	N	15,0%
Densidad	1,38 - 1,44 g/mL	K_2O	15,0%
pH al 1%	4 a 10		

Fertilizante: FER 58

Composición: 0 – 0 – 0 + 0.1B + 0.7CaO + 0.3Cu + 0.6Fe + 0.3MgO + 0.5Mn + 0.9Zn + 1.0S

Materiales:

Materiales	% Pureza	Aporte	% Adición (p/p)	Función
Agua	99	-	87.3	Diluyente
Octaborato de sodio tetrahidratado	99	21%B	0.48	Nutriente
Cloruro de calcio	94	36% CaO	1.95	Nutriente
Cloruro de zinc	98	46,0% Zn	1.96	
Sulfato ferroso	99	19,0% Fe / 12,0% S	3.16	Nutriente
Sulfato de manganeso	99	32,0% Mn / 18,0% S	1.57	Nutriente
Sulfato de cobre pentahidratado	99	25,0% Cu / 12.8% S	1.2	Nutriente
Sulfato de magnesio	98	16% MgO / 13% S	1.88	Nutriente
Propilenglicol	99	-	0.5	Anticongelante, adherente, humectante

Equipo de protección personal: Guantes de nitrilo, lentes de seguridad, mandil de pvc, mascarilla para polvos.

Instrucciones de fabricación:

1. Se adiciona 87.3% de agua en un recipiente adecuado.

2. Se incorpora 0.48% de octaborato de sodio tetra hidratado y se agita a velocidad constante hasta su completa solubilización.

3. Se agrega 1.95% de cloruro de calcio a la solución en agitación constante hasta que se disuelva completamente.

4. Se adiciona 1.96% de cloruro de zinc a la solución en agitación constante hasta su completa homogeneización.

5. Se incorpora 3.16% de sulfato ferroso a la mezcla, y se agita hasta su completa disolución.

6. Se adiciona 1.57% de sulfato de manganeso a la mezcla y se adiciona en agitación constante hasta obtener su completa solubilización.

7. Se incorpora 1.2% de sulfato de cobre pentahidratado a la solución y se agita hasta obtener una mezcla homogénea.

8. Se adiciona 1.88% de sulfato de magnesio en agitación constante hasta obtener su completa homogeneización.

9. Se agrega 0.5% de propilenglicol a la solución y se agita hasta que la mezcla sea homogénea.

Especificaciones del fertilizante:

Parámetro	Especificación	Parámetro	Especificación
Apariencia	Líq.Lig. Amarillo a café	Fe	0,6%
Densidad	1,04 - 1,10 g/mL	MgO	0,3%
pH al 1%	4 a 9	Mn	0,5%
B	0,1%	Zn	0,9%
CaO	0,7%	S	1,0%
Cu	0,3%		

Fertilizante: FER 59

Composición: 3 – 2 – 2 + 0.5Fe + 0.3S

Materiales:

Materiales	% Pureza	Aporte	% Adición (p/p)	Función
Agua	99	-	83.57	Diluyente

Hidróxido de potasio	50	45,0% K_2O	2.91	Nutriente
Fosfato monopotásico	98	52,0% P_2O_5 / 34,0% K_2O	3.85	Nutriente
Sulfato ferroso	99	19,0% Fe / 12,0% S	2.64	Nutriente
Urea	99	46,0% N	6.53	Nutriente
Propilenglicol	99	-	0.5	Anticongelante, adherente, humectante

Equipo de protección personal: Guantes de nitrilo, lentes de seguridad, mandil de pvc, mascarilla para polvos.

Instrucciones de fabricación:

1. Se adiciona 83.57% de agua en un recipiente adecuado.

2. Se incorpora 2.91% de hidróxido de potasio y se agita a velocidad constante hasta su completa solubilización.

3. Se agrega 3.85% de fosfato monopotásico lentamente a la solución en agitación constante hasta que se disuelva completamente.

4. Se adiciona 2.64% de sulfato ferroso a la mezcla y se agita hasta obtener una mezcla homogénea.

5. Se incorpora 6.53% de urea a la mezcla en agitación constante hasta su completa homogeneización.

6. Se agrega 0.5% de propilenglicol a la solución y se agita hasta que la mezcla sea homogénea.

Especificaciones del fertilizante:

Parámetro	Especificación	Parámetro	Especificación
Apariencia	Líq. Incoloro a lig. amarillo	P_2O_5	2,0%
Densidad	1,04 - 1,10 g/mL	K_2O	2,0%
pH al 1%	5 a 10	Fe	0,5%
N	3,0%	S	0,3%

Fertilizante: FER 60

Composición: 12 – 3 – 6 + 0.05% Cu + 0.1% Fe + 0.05% Mn + 0.05% Zn + 1.0% S

Materiales:

Materiales	% Pureza	Aporte	% Adición (p/p)	Función
Agua	99	-	55.71	Diluyente
Cloruro de calcio	94	36% CaO	1.95	Nutriente
Cloruro de zinc	98	46,0% Zn	0.11	Nutriente
Sulfato ferroso	99	19,0% Fe / 12,0% S	0.53	Nutriente
Sulfato de manganeso	99	32,0% Mn / 18,0% S	0.16	Nutriente
Sulfato de cobre pentahidratado	99	25,0% Cu / 12.8% S	0.2	Nutriente
Fosfato monopotásico	98	52,0% P_2O_5 / 34,0% K_2O	5.77	Nutriente
Hidróxido de potasio	50	45,0% K_2O	8.98	Nutriente
Urea	99	46,0% N	26.09	Nutriente
Propilenglicol	99	-	0.5	Anticongelante, adherente, humectante

Equipo de protección personal: Guantes de nitrilo, lentes de seguridad, mandil de pvc, mascarilla para polvos.

Instrucciones de fabricación:

1. Se adiciona 55.71% de agua en un recipiente adecuado.

2. Se incorpora 1.95% de cloruro de calcio y se agita a velocidad constante hasta su completa solubilización.

3. Se agrega 0.11% de cloruro de zinc a la solución en agitación constante hasta que se disuelva completamente.

4. Se adiciona 0.53% de sulfato ferroso a la solución en agitación constante hasta su completa homogeneización.

5. Se incorpora 0.16% de sulfato de manganeso a la mezcla, y se agita hasta su completa disolución.

6. Se adiciona 0.2% de sulfato de cobre pentahidratado a la mezcla y se adiciona en agitación constante hasta obtener su completa solubilización.

7. Se incorpora 5.77% de fosfato monopotásico a la solución y se agita hasta obtener una mezcla homogénea.

8. Se adiciona 8.98% de hidróxido de potasio en agitación constante hasta obtener su completa homogeneización.

9. Se incorpora 26.09% de urea a la mezcla y se agita hasta su completa solubilización.

10. Se agrega 0.5% de propilenglicol a la solución y se agita hasta que la mezcla sea homogénea.

Especificaciones del fertilizante:

Parámetro	Especificación	Parámetro	Especificación
Apariencia	Líq.Lig. Amarillo a café	Fe	0,6%
Densidad	1,04 - 1,10 g/mL	MgO	0,3%
pH al 1%	4 a 9	Mn	0,5%
B	0,1%	Zn	0,9%
CaO	0,7%	S	1,0%
Cu	0,3%		

Fertilizante: FER 61

Composición: 0 – 0 – 2 + 18.0% Ácido fúlvico + 18.0% Ácido húmico

Materiales:

Materiales	% Pureza	Aporte	% Adición (p/p)	Función
Agua	99	-	51.28	Diluyente
Ácido fúlvico	80	0,19%N 0,15% K_2O	22.5	Nutriente
Ácido húmico	70	8% K_2O	25.72	Nutriente
Propilenglicol	99	-	0.5	Anticongelante, adherente, humectante

Equipo de protección personal: Guantes de nitrilo, lentes de seguridad, mandil de pvc, mascarilla para polvos.

Instrucciones de fabricación:

1. Se adiciona 51.28% de agua en un recipiente adecuado.
2. Se incorpora 22.5% de ácido fúlvico y se agita a velocidad constante hasta su completa solubilización.
3. Se agrega 25.72% de ácido húmico lentamente a la solución en agitación constante hasta que se disuelva completamente.
4. Se agrega 0.5% de propilenglicol a la solución y se agita hasta que la mezcla sea homogénea.

Especificaciones del fertilizante:

Parámetro	Especificación	Parámetro	Especificación
Apariencia	Líq. Café	K2O	2.0%
Densidad	1,28 - 1,32 g/mL	Ácido fúlvico	18.0%
pH al 1%	5 a 10	Ácido húmico	18.0%

Fertilizante: FER 62

Composición: 1 − 0 − 1 + 2.5% Aminoácidos + 14.0% Ácido fúlvico + S + 0.25MgO + 0.15CaO + 0.25Fe + 0.1Mn + 0.1Zn + 0.05Cu + 0.05B + 0.006 Giberelinas + 0.006 Citocininas

Materiales:

Materiales	% Pureza	Aporte	% Adición (p/p)	Función
Agua	99	-	69.223	Diluyente
Octaborato de sodio tetra hidratado	99	21%B	0.24	Nutriente
Sulfato de cobre pentahidratado	99	25,0% Cu / 12.8% S	0.2	Nutriente
Cloruro de zinc	98	46,0% Zn	0.22	Nutriente
Cloruro de calcio	94	36% CaO	0.42	Nutriente
Sulfato ferroso	99	19,0% Fe / 12,0% S	1.32	Nutriente
Sulfato de manganeso	99	32,0% Mn / 18,0% S	0.32	Nutriente
Sulfato de magnesio	99	16% MgO / 13% S	1.57	Nutriente
Ácido fúlvico	80	0,19%N / 0,15% K_2O	17.5	Nutriente
Hidróxido de potasio	50	45,0% K_2O	2.17	Nutriente
Aminoácidos	80	13,62%N	3.125	Nutriente
Urea	99	46,0% N	1.18	Nutriente
DMSO	99	-	2	Disolvente
Ácido 3-Indolbutírico	99	99%	0.006	Bioestimulante
6-Bencil amino purina	99	99%	0.006	Bioestimulante
Propilenglicol	99	-	0.5	Anticongelante,

			adherente, humectante

Equipo de protección personal: Guantes de nitrilo, lentes de seguridad, mandil de pvc, mascarilla para polvos.

Instrucciones de fabricación:

MEZCLA 1

1. Se adiciona 69.223% de agua en un recipiente adecuado.
2. Se incorpora 0.24% de octaborato de sodio tetra hidratado y se agita a velocidad constante hasta su completa solubilización.
3. Se agrega 0.2% de sulfato de cobre pentahidratado a la solución en agitación constante hasta que se disuelva completamente.
4. Se adiciona 0.22% de cloruro de zinc a la solución en agitación constante hasta su completa homogeneización.
5. Se incorpora 0.42% de fosfato monoamónico a la mezcla, y se agita hasta su completa disolución.
6. Se agrega 7.15% de cloruro de calcio a la mezcla y se agita hasta su completa homogeneización.
7. Se adiciona 1.32% de sulfato ferroso en agitación constante hasta su completa solubilización.
8. Se incorpora 0.32% de sulfato de manganeso a la solución hasta su solubilización completa.
9. Se agrega 1.57% de sulfato de magnesio a la mezcla en agitación constante hasta obtener una solución homogénea.
10. Se adiciona 17.5% de ácido fúlvico a la solución y se agita hasta su solubilización completa
11. Se incorpora 2.17% de hidróxido de potasio a la mezcla y se agita hasta su completa homogeneización.

12. Se agrega 1.18% de urea a la solución y se agita hasta obtener una mezcla homogénea.

MEZCLA 2

13. Se adiciona 2.0% de dimetilsulfóxido en un recipiente por separado, se adiciona 0.006% de ácido 3-indolbutírico y 0.006% de 6-bencil amino purina a la mezcla, y se agita hasta su completa solubilización.

MEZCLA FINAL

14. Posteriormente se agrega la "mezcla 2" en la "mezcla 1" lentamente hasta su disolución completa.

15. Se agrega 0.5% de Propilenglicol a la solución y se agita hasta que la mezcla sea homogénea.

Especificaciones del fertilizante:

Parámetro	Especificación	Parámetro	Especificación
Apariencia	Líq. Café	CaO	0,15%
Densidad	1,15 - 1,20 g/mL	Fe	0,25%
pH al 1%	4 a 8	Mn	0,1%
N	1,0%	Zn	0,1%
K_2O	1,0%	Cu	0,05%
Aminoácidos	2,5%	B	0,05%
Ácido fúlvico	14,0%	Giberelinas	0,006%
S	0,6%	Citocininas	0,006%
MgO	0,25%		

Fertilizante: FER 63

Composición: 5 – 5 – 5 + 0.8S + 0.5MgO + 0.5Fe + 0.5Zn + 0.5Mn + 0.5B + 0.5Mo + 0.5Cu + 2.0% Ácido húmico + 2.0% Ácido fúlvico + 1.0% Cisteína + 0.5 Giberelinas + 0.5 Citocininas + 0.5% Auxinas

Materiales:

Materiales	% Pureza	Aporte	% Adición (p/p)	Función
Agua	99	-	48.37	Diluyente
Octaborato de sodio tetra hidratado	99	21%B	2.39	Nutriente
Sulfato de cobre pentahidratado	99	25,0% Cu / 12.8% S	2.0	Nutriente
Cloruro de zinc	98	46,0% Zn	1.09	Nutriente
Sulfato ferroso	99	19,0% Fe / 12,0% S	2.64	Nutriente
Sulfato de manganeso	99	32,0% Mn / 18,0% S	1.57	Nutriente
Nitrato de magnesio	99	8,0% N / 15,0% MgO	3.34	Nutriente
Ácido fúlvico	80	0,19%N / 0,15% K_2O	2.5	Nutriente
Molibdato de amonio tetrahidratado	99	54,0% Mo / 12.7% N	0.93	Nutriente
Ácido húmico	70	8,0% K_2O	2.86	Nutriente
Urea	99	46,0% N	10.29	Nutriente
Fosfato monopotásico	98	52,0% P_2O_5	9.62	Nutriente

		34,0% K$_2$O		
Hidróxido de potasio	50	45,0% K$_2$O	3.34	Nutriente
DMSO	99	-	6	Disolvente
Folcisteína	99	-	1.0	Bioestimulante
Ácido 3-Indol Acético	99	99%	0.25	Bioestimulante
Ácido 3-Indolbutírico	99	99%	0.25	Bioestimulante
6-Bencil amino purina	99	99%	0.25	Bioestimulante
Kinetina	99	99%	0.25	Bioestimulante
Ácido Giberélico	90	90%	0.56	Bioestimulante
Propilenglicol	99	-	0.5	Anticongelante, adherente, humectante

Equipo de protección personal: Guantes de nitrilo, lentes de seguridad, mandil de pvc, mascarilla para polvos.

Instrucciones de fabricación:

MEZCLA 1

1. Se adiciona 48.37% de agua en un recipiente adecuado.

2. Se incorpora 2.39% de octaborato de sodio tetra hidratado y se agita a velocidad constante hasta su completa solubilización.

3. Se agrega 2.0% de sulfato de cobre pentahidratado a la solución en agitación constante hasta que se disuelva completamente.

4. Se adiciona 1.09% de cloruro de zinc a la solución en agitación constante hasta su completa homogeneización.

5. Se incorpora 2.64% de sulfato ferroso a la mezcla, y se agita hasta su completa disolución.

6. Se agrega 1.57% de sulfato de manganeso a la mezcla y se agita hasta su completa homogeneización.

7. Se adiciona 3.34% de nitrato de magnesio en agitación constante hasta su completa solubilización.

8. Se incorpora 2.5% de ácido fúlvico a la solución hasta su solubilización completa.

9. Se agrega 0.93% de molibdato de amonio tetrahidratado a la mezcla en agitación constante hasta obtener una solución homogénea.

10. Se adiciona 2.86% de ácido húmico a la solución y se agita hasta su solubilización completa

11. Se incorpora 10.29% de urea a la mezcla y se agita hasta su completa homogeneización.

12. Se agrega 9.62% de fosfato monopotásico a la solución y se agita hasta obtener una mezcla homogénea.

13. Se adiciona 3.34% de hidróxido de potasio a la mezcla y se agita hasta su completa solubilización.

MEZCLA 2

14. Se adiciona 6.0% de dimetilsulfóxido en un recipiente por separado, se adiciona 1.0% de folcisteína, 0.25% de ácido 3-indol acético 0.25% de ácido 3-indolbutírico, 0.25% de 6-Bencil amino purina, 0.25% de kinetina y 0.5% de ácido giberélico a la mezcla, y se agita hasta su completa solubilización.

MEZCLA FINAL

15. Posteriormente se agrega la "mezcla 2" en la "mezcla 1" lentamente hasta su disolución completa.

16. Se agrega 0.5% de Propilenglicol a la solución y se agita hasta que la mezcla sea homogénea.

Especificaciones del fertilizante:

Parámetro	Especificación	Parámetro	Especificación
Apariencia	Líq. Café	Mn	0,5%
Densidad	1,30 - 1,36 g/mL	B	0,5%
pH al 1%	5 a 10	Mo	0,5%
N	6,0%	Cu	0,5%
P_2O_5	5,0%	Ácido húmico	0,5%
K_2O	5,0%	Ácido fúlvico	2,0%
S	0,8%	Cisteína	1,0%
MgO	0,5%	Giberelinas	0,5%
Fe	0,5%	Citocininas	0,5%
Zn	0,5%	Auxinas	0,5%

Fertilizante: FER 64

Composición: 0.5 – 0 – 0 + 1.0B + 12.0CaO + 3.0% Aminoácidos

Materiales:

Materiales	% Pureza	Aporte	% Adición (p/p)	Función
Agua	99	-	52.64	Diluyente
Aminoácidos	80	13,62%N	3.75	Nutriente
Octaborato de sodio tetrahidratado	99	21%B	4.77	Nutriente
Cloruro de calcio	94	36% CaO	33.34	Nutriente
Ácido clorhídrico	37	-	5.0	Disolvente
Propilenglicol	99	-	0.5	Anticongelante, adherente, humectante

Equipo de protección personal: Guantes de nitrilo, lentes de seguridad, mandil de pvc, mascarilla para polvos.

Instrucciones de fabricación:

1. Se adiciona 52.64% de agua en un recipiente adecuado.
2. Se agrega 3.75% de aminoácidos a la mezcla y se agita hasta su completa solubilización.
3. Se incorpora 4.77% de octaborato de sodio tetrahidratado y se agita a velocidad constante hasta su completa solubilización.
4. Se agrega 33.34% de cloruro de calcio lentamente a la solución en agitación constante hasta que se disuelva completamente.
5. Se incorpora 5.0% de ácido clorhídrico a la solución y se agita para obtener un producto homogéneo.
6. Se agrega 0.5% de propilenglicol a la solución y se agita hasta que la mezcla sea homogénea.

Especificaciones del fertilizante:

Parámetro	Especificación	Parámetro	Especificación
Apariencia	Líq. Café	B	1,0%
Densidad	1,27 - 1,33 g/mL	CaO	12,0%
pH al 1%	3 a 7	Aminoácidos	3,0%
N	0,5%		

Fertilizante: FER 65

Composición: 0 – 0 – 20 + 0.5B + 7.0S + 5.0% Ácido húmico + 2.0% Ácido carboxílico

Materiales:

Materiales	% Pureza	Aporte	% Adición (p/p)	Función
Agua	99	-	51.49	Diluyente
Sulfato de potasio	99	50,0% K_2O 18,0% S	38.86	Nutriente
Ácido maleico	99	48.04%	2.0	Nutriente

183

		C		
Octaborato de sodio tetrahidratado	99	21%B	2.39	Nutriente
Ácido húmico	70	8,0% K$_2$O	7.15	Nutriente
Propilenglicol	99	-	0.5	Anticongelante, adherente, humectante

Equipo de protección personal: Guantes de nitrilo, lentes de seguridad, mandil de pvc, mascarilla para polvos.

Instrucciones de fabricación:

1. Se adiciona 51.49% de agua en un recipiente adecuado.

2. Se agrega 38.86% de sulfato de potasio a la mezcla y se agita hasta su completa solubilización.

3. Se incorpora 2.0% de ácido maleico y se agita a velocidad constante hasta su completa solubilización.

4. Se agrega 2.39% de octaborato de sodio tetrahidratado lentamente a la solución en agitación constante hasta que se disuelva completamente.

5. Se incorpora 7.15% de ácido húmico a la solución y se agita para obtener un producto homogéneo.

6. Se agrega 0.5% de propilenglicol a la solución y se agita hasta que la mezcla sea homogénea.

Especificaciones del fertilizante:

Parámetro	Especificación	Parámetro	Especificación
Apariencia	Líq. Incoloro a lig. Amarillo	S	7,0%
Densidad	1,27 - 1,33 g/mL	B	0,5%
pH al 1%	3 a 7	Ácido húmico	5,0%
K$_2$O	20,0%	Ácido carboxílico	2,0%

Fertilizante: FER 66

Composición: 0 – 0 – 40

Materiales:

Materiales	% Pureza	Aporte	% Adición (p/p)	Función
Agua	99	-	11.11	Diluyente
Hidróxido de potasio	50	45,0% K_2O	88.89	Nutriente

Equipo de protección personal: Guantes de nitrilo, lentes de seguridad, mandil de pvc, mascarilla para polvos.

Instrucciones de fabricación:

1. Se adiciona 11.11% de agua en un recipiente adecuado.
2. Se incorpora 88.89% de hidróxido de potasio y se agita a velocidad constante hasta su completa solubilización.

Especificaciones del fertilizante:

Parámetro	Especificación	Parámetro	Especificación
Apariencia	Líq. Incoloro	pH al 1%	8 a 13
Densidad	1,40 - 1,45 g/mL	K_2O	40,0%

Fertilizante: FER 67

Composición: 5 – 15.2 – 10 + 5.0% Ácido carboxílico

Materiales:

Materiales	% Pureza	Aporte	% Adición (p/p)	Función
Agua	99	-	54.21	Diluyente
Urea	99	46,0% N	10.87	Nutriente
Fosfato monopotásico	98	52,0% P_2O_5 34,0% K_2O	29.42	Nutriente
Ácido maleico	99	48.04% C	5.0	Nutriente

Propilenglicol	99	-	0.5	Anticongelante, adherente, humectante

Equipo de protección personal: Guantes de nitrilo, lentes de seguridad, mandil de pvc, mascarilla para polvos.

Instrucciones de fabricación:

1. Se adiciona 54.21% de agua en un recipiente adecuado.

2. Se agrega 10.87% de urea a la mezcla y se agita hasta su completa solubilización.

3. Se incorpora 29.42% de fosfato monopotásico y se agita a velocidad constante hasta su completa solubilización.

4. Se agrega 5.0% de ácido maleico lentamente a la solución en agitación constante hasta que se disuelva completamente.

5. Se agrega 0.5% de propilenglicol a la solución y se agita hasta que la mezcla sea homogénea.

Especificaciones del fertilizante:

Parámetro	Especificación	Parámetro	Especificación
Apariencia	Líq. Incoloro a lig. Amarillo	P_2O_5	15,2%
Densidad	1,25 - 1,33 g/mL	K_2O	10,0%
pH al 1%	4 a 8	Ácido carboxílico	5,0%
N	5,0%		

Fertilizante: FER 68

Composición: 0 – 0 – 2.2 + 10.0% Algas marinas + 1.0% Ácido fólico + 1.0% Vitamina B1 + 1.0% Vitamina B2 + 1.0% Cisteína

Materiales:

Materiales	% Pureza	Aporte	% Adición (p/p)	Función
Agua	99	-	75.0	Diluyente
Algas marinas	80	18% K_2O	12.5	Nutriente

DMSO	99	-	8.0	Disolvente
Ácido fólico	99	99%	1.0	Bioestimulante
Vitamina B1	99	99%	1.0	Bioestimulante
Vitamina B2	99	99%	1.0	Bioestimulante
Folcisteína	99	99%	1.0	Bioestimulante
Propilenglicol	99	-	0.5	Anticongelante, adherente, humectante

Equipo de protección personal: Guantes de nitrilo, lentes de seguridad, mandil de pvc, mascarilla para polvos.

Instrucciones de fabricación:

MEZCLA 1

1. Se adiciona 75.0% de agua en un recipiente adecuado.

2. Se incorpora 12.5% de algas marinas y se agita a velocidad constante hasta su completa solubilización.

MEZCLA 2

3. Se adiciona 8.0% de dimetilsulfóxido en un recipiente por separado, se adiciona 1.0% de ácido fólico, 1.0% de vitamina b1, 1.0% de vitamina b2 y 1.0% de folcisteína, en agitación constante hasta su completa solubilización.

MEZCLA FINAL

4. Posteriormente se agrega la "mezcla 2" en la "mezcla 1" lentamente hasta su disolución completa.

5. Se agrega 0.5% de propilenglicol a la solución y se agita hasta que la mezcla sea homogénea.

Especificaciones del fertilizante:

Parámetro	Especificación	Parámetro	Especificación
Apariencia	Líq. Incoloro a lig. amarillo	Ácido fólico	1,0%
Densidad	1,12 - 1,18 g/mL	Vitamina B1	1,0%
pH al 1%	3 a 8	Vitamina B2	1,0%
K_2O	2,2%	Cisteína	1,0%
Algas marinas	10,0%		

Fertilizante: FER 69

Composición: 6.5 – 0 – 0 + 24.0% Aminoácidos + 1.0% Ácido cítrico + 1.0% Prolina

Materiales:

Materiales	% Pureza	Aporte	% Adición (p/p)	Función
Agua	99	-	62.25	Diluyente
Aminoácidos	80	13,62%N	30.0	Nutriente
Urea	99	46,0% N	5.25	Nutriente
Ácido cítrico	99	-	1.0	Bioestimulante
Prolina	99	-	1.0	Bioestimulante
Propilenglicol	99	-	0.5	Anticongelante, adherente, humectante

Equipo de protección personal: Guantes de nitrilo, lentes de seguridad, mandil de pvc, mascarilla para polvos.

Instrucciones de fabricación:

1. Se adiciona 62.25% de agua en un recipiente adecuado.

2. Se agrega 30.0% de aminoácidos a la mezcla y se agita hasta su completa solubilización.

3. Se incorpora 5.25% de urea y se agita a velocidad constante hasta su completa solubilización.

4. Se agrega 1.0% de ácido cítrico lentamente a la solución en agitación constante hasta que se disuelva completamente.

5. Se incorpora 1.0% de prolina a la solución y se agita para obtener un producto homogéneo.

6. Se agrega 0.5% de propilenglicol a la solución y se agita hasta que la mezcla sea homogénea.

Especificaciones del fertilizante:

Parámetro	Especificación	Parámetro	Especificación
Apariencia	Líq. Cáfe	Aminoácidos	24,0%
Densidad	1,20 - 1,26 g/mL	Ácido cítrico	1,0%
pH al 1%	4 a 8	Prolina	1,0%
N	6,5%		

Fertilizante: FER 70

Composición: 5 – 5 – 3.2 + 10.0% Aminoácidos

Materiales:

Materiales	% Pureza	Aporte	% Adición (p/p)	Función
Agua	99	-	70.21	Diluyente
Urea	99	46,0% N	7.17	Nutriente
Fosfato monopotásico	99	52,0% P_2O_5 34,0% K_2O	9.62	Nutriente
Aminoácidos	80	13,62%N	12.5	Nutriente
Propilenglicol	99	-	0.5	Anticongelante, adherente, humectante

Equipo de protección personal: Guantes de nitrilo, lentes de seguridad, mandil de pvc, mascarilla para polvos.

Instrucciones de fabricación:

1. Se adiciona 70.21% de agua en un recipiente adecuado.

2. Se agrega 7.17% de urea a la mezcla y se agita hasta su completa solubilización.

3. Se incorpora 9.62% de fosfato monopotásico y se agita a velocidad constante hasta su completa solubilización.

4. Se agrega 12.5% de aminoácidos lentamente a la solución en agitación constante hasta que se disuelva completamente.

5. Se agrega 0.5% de propilenglicol a la solución y se agita hasta que la mezcla sea homogénea.

Especificaciones del fertilizante:

Parámetro	Especificación	Parámetro	Especificación
Apariencia	Líq. Cáfe	P_2O_5	5,0%
Densidad	1,15 - 1,20 g/mL	K_2O	3,2%
pH al 1%	4 a 8	Aminoácidos	10,0%
N	5,0%		

Fertilizante: FER 71

Composición: 6 – 0 – 0.2 + 8.0CaO + 12.0% Ácido fúlvico

Materiales:

Materiales	% Pureza	Aporte	% Adición (p/p)	Función
Agua	99	-	49.28	Diluyente
Cloruro de calcio	94	36% CaO	22.23	Nutriente
Urea	99	46,0% N	12.99	Nutriente
Ácido fúlvico	80	0,19%N 0,15% K_2O	15.0	Nutriente
Propilenglicol	99	-	0.5	Anticongelante, adherente, humectante

Equipo de protección personal: Guantes de nitrilo, lentes de seguridad, mandil de pvc, mascarilla para polvos.

Instrucciones de fabricación:

1. Se adiciona 49.28% de agua en un recipiente adecuado.

2. Se agrega 22.23% de cloruro de calcio a la mezcla y se agita hasta su completa solubilización.
3. Se incorpora 12.99% de urea y se agita a velocidad constante hasta su completa solubilización.
4. Se agrega 15.0% de ácido fúlvico lentamente a la solución en agitación constante hasta que se disuelva completamente.
5. Se agrega 0.5% de propilenglicol a la solución y se agita hasta que la mezcla sea homogénea.

Especificaciones del fertilizante:

Parámetro	Especificación	Parámetro	Especificación
Apariencia	Líq. Cáfe	K_2O	0,2%
Densidad	1,28 - 1,33 g/mL	CaO	8,0%
pH al 1%	4 a 8	Ácido fúlvico	12,0%
N	6,0%		

Fertilizante: FER 72

Composición: 0 – 18 – 16

Materiales:

Materiales	% Pureza	Aporte	% Adición (p/p)	Función
Agua	99	-	55.48	Diluyente
Fosfato monopotásico	99	52,0% P_2O_5 34,0% K_2O	34.62	Nutriente
Hidróxido de potasio	50	45,0% K_2O	9.4	Nutriente
Propilenglicol	99	-	0.5	Anticongelante, adherente, humectante

Equipo de protección personal: Guantes de nitrilo, lentes de seguridad, mandil de pvc, mascarilla para polvos.

Instrucciones de fabricación:
1. Se adiciona 55.48% de agua en un recipiente adecuado.
2. Se agrega 34.62% de fosfato monopotásico a la mezcla y se agita hasta su completa solubilización.
3. Se incorpora 9.4% de hidróxido de potasio y se agita a velocidad constante hasta su completa solubilización.
4. Se agrega 0.5% de propilenglicol a la solución y se agita hasta que la mezcla sea homogénea.

Especificaciones del fertilizante:

Parámetro	Especificación	Parámetro	Especificación
Apariencia	Líq.lig. amarillo	P_2O_5	18.0%
Densidad	1,25 - 1,30 g/mL	K_2O	16.0%
pH al 1%	5 a 10		

Fertilizante: FER 73

Composición: 0 – 0 – 0 + 2.0MgO + 10CaO + 1.6S

Materiales:

Materiales	% Pureza	Aporte	% Adición (p/p)	Función
Agua	99	-	59.22	Diluyente
Cloruro de calcio	94	36% CaO	27.78	Nutriente
Sulfato de magnesio	98	16% MgO 13% S	12.5	Nutriente
Propilenglicol	99	-	0.5	Anticongelante, adherente, humectante

Equipo de protección personal: Guantes de nitrilo, lentes de seguridad, mandil de pvc, mascarilla para polvos.

Instrucciones de fabricación:

1. Se adiciona 59.22% de agua en un recipiente adecuado.

2. Se agrega 27.78% de cloruro de calcio a la mezcla y se agita hasta su completa solubilización.

3. Se incorpora 12.5% de sulfato de magnesio y se agita a velocidad constante hasta su completa solubilización.

4. Se agrega 0.5% de propilenglicol a la solución y se agita hasta que la mezcla sea homogénea.

Especificaciones del fertilizante:

Parámetro	Especificación	Parámetro	Especificación
Apariencia	Líq. lig. amarillo	CaO	2,0%
Densidad	1,23 - 1,28 g/mL	MgO	10,.0%
pH al 1%	4 a 9	S	1,6%

Fertilizante: FER 74

Composición: 0 – 0 – 0 + 0.5MgO + 0.3Fe + 1.2Zn + 1.0Mn + 0.3Cu + 1.1S

Materiales:

Materiales	% Pureza	Aporte	% Adición (p/p)	Función
Agua	99	-	88.85	Diluyente
Cloruro de zinc	98	46,0% Zn	2.61	Nutriente
Sulfato ferroso	99	19,0% Fe / 12,0% S	1.58	Nutriente
Sulfato de manganeso	99	32,0% Mn / 18,0% S	3.13	Nutriente
Sulfato de cobre pentahidratado	99	25,0% Cu / 12.8% S	1.2	Nutriente
Sulfato de magnesio	99	16%	2.13	Nutriente

		MgO		
		13% S		
Propilenglicol	99	-	0.5	Anticongelante, adherente, humectante

Equipo de protección personal: Guantes de nitrilo, lentes de seguridad, mandil de pvc, mascarilla para polvos.

Instrucciones de fabricación:

1. Se adiciona 88.85% de agua en un recipiente adecuado.
2. Se incorpora 2.61% de cloruro de zinc y se agita a velocidad constante hasta su completa solubilización.
3. Se agrega 1.58% de sulfato ferroso a la solución en agitación constante hasta que se disuelva completamente.
4. Se adiciona 3.13% de sulfato de manganeso a la solución en agitación constante hasta su completa homogeneización.
5. Se incorpora 1.2% de sulfato de cobre pentahidratado a la mezcla, y se agita hasta su completa disolución.
6. Se adiciona 2.13% de sulfato de magnesio a la mezcla y se adiciona en agitación constante hasta obtener su completa solubilización.
7. Se agrega 0.5% de propilenglicol a la solución y se agita hasta que la mezcla sea homogénea.

Especificaciones del fertilizante:

Parámetro	Especificación	Parámetro	Especificación
Apariencia	Líq. Café	Zn	1,2%
Densidad	1,02 - 1,08 g/mL	Mn	1,0%
pH al 1%	4 a 8	Cu	0,3%
MgO	0,5%	S	1,1%
Fe	0,3%		

Fertilizante: FER 75

Composición: 1 – 0 – 0 + 32.2Zn

Materiales:

Materiales	% Pureza	Aporte	% Adición (p/p)	Función
Agua	99	-	23.7%	Diluyente
Ácido clorhídrico	37	-	4.0	Disolvente
Cloruro de zinc	98	46,0% Zn	70.0%	Nutriente
Urea	99	46,0% N	1.8	Nutriente
Propilenglicol	99	-	0.5	Anticongelante, adherente, humectante

Equipo de protección personal: Guantes de nitrilo, lentes de seguridad, mandil de pvc, mascarilla para polvos.

Instrucciones de fabricación:

1. Se adiciona 25.7% de agua en un recipiente adecuado.
2. Se agrega 4.0% de ácido clorhídrico a la mezcla y se agita hasta su completa solubilización.
3. Se incorpora 70.0% de cloruro de zinc y se agita a velocidad constante hasta su completa solubilización.
4. Se adiciona 1.8% de urea a la mezcla y se agita hasta tener una mezcla homogénea.
5. Se agrega 0.5% de propilenglicol a la solución y se agita hasta que la mezcla sea homogénea.

Especificaciones del fertilizante:

Parámetro	Especificación	Parámetro	Especificación
Apariencia	Líq. Café	Zn	32,2%
Densidad	1,46 - 1,50 g/mL	N	1,0%
pH al 1%	3 a 5		

Fertilizante: FER 76

Composición: 1 – 0 – 0 + 1.0MgO + 10.0Zn + 9.0Mn + 5.0S

Materiales:

Materiales	% Pureza	Aporte	% Adición (p/p)	Función
Agua	99	-	41.45	Diluyente
Ácido clorhídrico	37	-	2.0	Disolvente
Cloruro de zinc	98	46,0% Zn	21.74	Nutriente
Cloruro de magnesio	99	25,0% MgO	4.0	Nutriente
Sulfato de manganeso	99	32,0% Mn / 18,0% S	28.13	Nutriente
Urea	99	46,0% N	2.18	Nutriente
Propilenglicol	99	-	0.5	Anticongelante, adherente, humectante

Equipo de protección personal: Guantes de nitrilo, lentes de seguridad, mandil de pvc, mascarilla para polvos.

Instrucciones de fabricación:

1. Se adiciona 41.45% de agua en un recipiente adecuado.

2. Se incorpora 2.0% de ácido clorhídrico y se agita a velocidad constante hasta su completa solubilización.

3. Se agrega 21.74% de cloruro de zinc a la solución en agitación constante hasta que se disuelva completamente.

4. Se adiciona 4.0% de cloruro de magnesio a la solución en agitación constante hasta su completa homogeneización.

5. Se incorpora 28.13% de sulfato de manganeso a la mezcla, y se agita hasta su completa disolución.

6. Se adiciona 2.18% de urea a la mezcla y se adiciona en agitación constante hasta obtener su completa solubilización.

7. Se agrega 0.5% de propilenglicol a la solución y se agita hasta que la mezcla sea homogénea.

Especificaciones del fertilizante:

Parámetro	Especificación	Parámetro	Especificación
Apariencia	Líq. Incoloro a Lig. amarillo	MgO	1,0%
Densidad	1,36 - 1,42 g/mL	Zn	10,0%
pH al 1%	4 a 8	Mn	9,0%
N	1,0%	S	5,0%

Fertilizante: FER 77

Composición: 6 – 10 – 0 + 12.0Zn

Materiales:

Materiales	% Pureza	Aporte	% Adición (p/p)	Función
Agua	99	-	44.09	Diluyente
Ácido fosfórico	85	61,5% P_2O_5	16.27	Nutriente
Cloruro de zinc	98	46,0% Zn	26.09	Nutriente
Urea	99	46,0% N	13.05	Nutriente
Propilenglicol	99	-	0.5	Anticongelante, adherente, humectante

Equipo de protección personal: Guantes de nitrilo, lentes de seguridad, mandil de pvc, mascarilla para polvos.

Instrucciones de fabricación:

1. Se adiciona 44.09% de agua en un recipiente adecuado.

2. Se incorpora 16.27% de ácido fosfórico y se agita a velocidad constante hasta su completa solubilización.

3. Se agrega 26.09% de cloruro de zinc a la solución en agitación constante hasta que se disuelva completamente.

4. Se adiciona 13.05% de urea a la solución en agitación constante hasta su completa homogeneización.

5. Se agrega 0.5% de propilenglicol a la solución y se agita hasta que la mezcla sea homogénea.

Especificaciones del fertilizante:

Parámetro	Especificación	Parámetro	Especificación
Apariencia	Líq. Incoloro a Lig. amarillo	N	6,0%
Densidad	1,38 - 1,42 g/mL	P_2O_5	10,0%
pH al 1%	4 a 6	Zn	12,0%

Fertilizante: FER 78

Composición: 3 – 0 – 0 + 1.5MgO + 4.0B + 4.0Zn + 1.2S

Materiales:

Materiales	% Pureza	Aporte	% Adición (p/p)	Función
Agua	99	-	46.03	Diluyente
Ácido bórico	99	17.5% B	22.86	Nutriente
Monoetanolamina	99	-	6.0	Disolvente
Cloruro de zinc	98	46,0% Zn	8.7	Nutriente
Sulfato de magnesio	99	16% MgO / 13% S	9.38	Nutriente
Urea	99	46,0% N	6.53	Nutriente
Propilenglicol	99	-	0.5	Anticongelante, adherente, humectante

Equipo de protección personal: Guantes de nitrilo, lentes de seguridad, mandil de pvc, mascarilla para polvos.

Instrucciones de fabricación:

1. Se adiciona 46.03% de agua en un recipiente adecuado.

2. Se incorpora 22.86% de ácido bórico y se agita a velocidad constante hasta su completa solubilización.

3. Se adiciona 6.0% de monoetanolamina a la mezcla y se agita hasta su completa disolución.

4. Se agrega 8.7% de cloruro de zinc a la solución en agitación constante hasta que se disuelva completamente.

5. Se adiciona 9.38% de sulfato de magnesio a la solución en agitación constante hasta su completa homogeneización.

6. Se incorpora 6.53% de urea pentahidratado a la mezcla, y se agita hasta su completa disolución.

7. Se agrega 0.5% de propilenglicol a la solución y se agita hasta que la mezcla sea homogénea.

Especificaciones del fertilizante:

Parámetro	Especificación	Parámetro	Especificación
Apariencia	Líq. Lig. amarillo	MgO	1,5%
Densidad	1,33 - 1,38 g/mL	B	4,0%
pH al 1%	4 a 8	Zn	4,0%
N	3,0%	S	1,2%

Fertilizante: FER 79

Composición: 0 – 44 – 7.5 + 2MgO + 3.0Zn + 1.6S

Materiales:

Materiales	% Pureza	Aporte	% Adición (p/p)	Función
Agua	99	-	5.51	Diluyente
Ácido fosfórico	85	61,5% P_2O_5	52.91	Nutriente
Cloruro de zinc	98	46,0% Zn	6.53	Nutriente
Sulfato de magnesio	99	16% MgO	12.5	Nutriente

		13% S		
Fosfato monopotásico	99	52,0% P_2O_5	22.05	Nutriente
		34,0% K_2O		
Propilenglicol	99	-	0.5	Anticongelante, adherente, humectante

Equipo de protección personal: Guantes de nitrilo, lentes de seguridad, mandil de pvc, mascarilla para polvos.

Instrucciones de fabricación:

1. Se adiciona 5.51% de agua en un recipiente adecuado.
2. Se incorpora 52.91% de ácido fosfórico y se agita a velocidad constante hasta su completa solubilización.
3. Se agrega 6.53% de cloruro de zinc a la solución en agitación constante hasta que se disuelva completamente.
4. Se adiciona 12.5% de sulfato de magnesio a la solución en agitación constante hasta su completa homogeneización.
5. Se incorpora 22.05% de fosfato monopotásico a la mezcla, y se agita hasta su completa disolución.
6. Se agrega 0.5% de propilenglicol a la solución y se agita hasta que la mezcla sea homogénea.

Especificaciones del fertilizante:

Parámetro	Especificación	Parámetro	Especificación
Apariencia	Líq. blanquizco	K_2O	7.5%
Densidad	1,65 - 1,73 g/mL	MgO	2.0%
pH al 1%	2 a 7	Zn	3.0%
P_2O_5	44.0%	S	1.6%

Fertilizante: FER 80

Composición: 2 – 0 – 0 + 7.0% CaO + 7.0% Zn + 1.5% B

Materiales:

Materiales	% Pureza	Aporte	% Adición (p/p)	Función
Agua	99	-	44.9	Diluyente
Ácido bórico	99	17.5% B	8.58	Nutriente
Monoetanolamina	99	-	3.0	Disolvente
Cloruro de calcio	94	36% CaO	19.45	Nutriente
Cloruro de zinc	98	46,0% Zn	15.22	Nutriente
Ácido clorhídrico	37	-	4.0	Disolvente
Urea	99	46.0% N	4.35	Nutriente
Propilenglicol	99	-	0.5	Anticongelante, adherente, humectante

Equipo de protección personal: Guantes de nitrilo, lentes de seguridad, mandil de pvc, mascarilla para polvos.

Instrucciones de fabricación:

1. Se adiciona 44.9% de agua en un recipiente adecuado.

2. Se agrega 8.58% de ácido bórico a la solución en agitación constante hasta que se disuelva completamente.

3. Se incorpora 3.0% de monoetanolamina a la mezcla y se agita hasta su completa disolución.

4. Se adiciona 19.45% de cloruro de calcio a la solución en agitación constante hasta su completa homogeneización.

5. Se incorpora 15.22% de cloruro de zinc a la mezcla, y se agita hasta su completa disolución.

6. Se agrega 4.0% de ácido clorhídrico y se agita a velocidad constante hasta su completa solubilización.

7. Se adiciona 4.35% de urea a la solución en agitación constante hasta su completa homogeneización.

8. Se agrega 0.5% de propilenglicol a la solución y se agita hasta que la mezcla sea homogénea.

Especificaciones del fertilizante:

Parámetro	Especificación	Parámetro	Especificación
Apariencia	Líq. Lig. amarillo	CaO	7,0%
Densidad	1,28 - 1,33 g/mL	Zn	7,0%
pH al 1%	3 a 7	B	1,5%
N	2,0%		

Fertilizante: FER 81

Composición: 12 – 24 – 0

Materiales:

Materiales	% Pureza	Aporte	% Adición (p/p)	Función
Agua	99	-	34.38	Diluyente
Ácido fosfórico	85	61,5% P_2O_5	39.03	Nutriente
Urea	99	46.0% N	26.09	Nutriente
Propilenglicol	99	-	0.5	Anticongelante, adherente, humectante

Equipo de protección personal: Guantes de nitrilo, lentes de seguridad, mandil de pvc, mascarilla para polvos.

Instrucciones de fabricación:

1. Se adiciona 34.38% de agua en un recipiente adecuado.

2. Se incorpora 39.3% de ácido fosfórico y se agita a velocidad constante hasta su completa solubilización.

3. Se agrega 26.09% de urea a la solución en agitación constante hasta que se disuelva completamente.

4. Se agrega 0.5% de propilenglicol a la solución y se agita hasta que la mezcla sea homogénea.

Especificaciones del fertilizante:

Parámetro	Especificación	Parámetro	Especificación
Apariencia	Líq. Incoloro a lig. Amarillo	N	12,0%
Densidad	1,33 - 1,38 g/mL	P_2O_5	24,0%
pH al 1%	4 a 9		

Fertilizante: FER 82

Composición: 0.5 – 35 – 0 + 2.0% CaO + 2.0% MgO + 3.0% Aminoácidos + 1.6% S

Materiales:

Materiales	% Pureza	Aporte	% Adición (p/p)	Función
Agua	99	-	20.77	Diluyente
Ácido fosfórico	85	61,5% P_2O_5	56.92	Nutriente
Cloruro de calcio	94	36% CaO	5.56	Nutriente
Sulfato de magnesio	99	16% MgO 13% S	12.5	Nutriente
Aminoácidos	80	13,62%N	3.75	Nutriente
Propilenglicol	99	-	0.5	Anticongelante, adherente, humectante

Equipo de protección personal: Guantes de nitrilo, lentes de seguridad, mandil de pvc, mascarilla para polvos.

Instrucciones de fabricación:

1. Se adiciona 20.77% de agua en un recipiente adecuado.
2. Se incorpora 56.92% de ácido fosfórico y se agita a velocidad constante hasta su completa solubilización.

3. Se agrega 5.56% de cloruro de calcio a la solución en agitación constante hasta que se disuelva completamente.

4. Se adiciona 12.5% de sulfato de magnesio a la solución en agitación constante hasta su completa homogeneización.

5. Se incorpora 3.75% de aminoácidos a la mezcla, y se agita hasta su completa disolución.

6. Se agrega 0.5% de propilenglicol a la solución y se agita hasta que la mezcla sea homogénea.

Especificaciones del fertilizante:

Parámetro	Especificación	Parámetro	Especificación
Apariencia	Líq. Lig. Amarillo a blanquizco	CaO	2,0%
Densidad	1,60 - 1,70 g/mL	MgO	2,0%
pH al 1%	3 a 7	Aminoácidos	3,0%
N	0.5%	S	1,6%
P_2O_5	35,0%		

Fertilizante: FER 83

Composición: 10 – 12 – 10 + 0.02B + 0.05Cu + 0.1Fe + 0.05Mn + 0.01Mo + 0.05Zn + 0.1S

Materiales:

Materiales	% Pureza	Aporte	% Adición (p/p)	Función
Agua	99	-	48.77	Diluyente
Octaborato de sodio tetrahidratado	99	21% B	0.1	Nutriente
Cloruro de zinc	98	46,0% Zn	0.11	Nutriente
Molibdato de amonio tetrahidratado	99	54,0% Mo 12.7% N	0.02	Nutriente
Sulfato ferroso	99	19,0% Fe	0.53	Nutriente

			12,0% S		
Sulfato de manganeso	99	32,0% Mn	0.16	Nutriente
		18,0% S		
Sulfato de cobre pentahidratado	99	25,0% Cu	0.2	Nutriente
		12.8% S		
Fosfato monopotásico	98	52,0% P$_2$O$_5$	23.08	Nutriente
		34,0% K$_2$O		
Hidróxido de potasio	50	45,0% K$_2$O	4.79	Nutriente
Urea	99	46,0% N	21.74	Nutriente
Propilenglicol	99	-	0.5	Anticongelante, adherente, humectante

Equipo de protección personal: Guantes de nitrilo, lentes de seguridad, mandil de pvc, mascarilla para polvos.

Instrucciones de fabricación:

1. Se adiciona 48.77% de agua en un recipiente adecuado.

2. Se incorpora 0.1% de octaborato de sodio tetrahidratado y se agita a velocidad constante hasta su completa solubilización.

3. Se agrega 0.11% de cloruro de zinc a la solución en agitación constante hasta que se disuelva completamente.

4. Se adiciona 0.02% de molibdato de amonio tetrahidratado a la solución en agitación constante hasta su completa homogeneización.

5. Se incorpora 0.53% de sulfato ferroso a la mezcla, y se agita hasta su completa disolución.

6. Se adiciona 0.16% de sulfato de manganeso a la mezcla y se adiciona en agitación constante hasta obtener su completa solubilización.

7. Se incorpora 0.2% de sulfato de cobre pentahidratado a la solución y se agita hasta obtener una mezcla homogénea.
8. Se adiciona 23.08% de fosfato monopotásico en agitación constante hasta obtener su completa homogeneización.
9. Se incorpora 4.79% de hidróxido de potasio a la mezcla y se agita hasta su completa solubilización.
10. Se adiciona 21.74% de urea a la solución y se agita hasta su completa disolución.
11. Se agrega 0.5% de propilenglicol a la solución y se agita hasta que la mezcla sea homogénea.

Especificaciones del fertilizante:

Parámetro	Especificación	Parámetro	Especificación
Apariencia	Líq. Lig. Amarillo a café	Cu	0,05%
Densidad	1,04 - 1,10 g/mL	Fe	0,1%
pH al 1%	4 a 9	Mn	0,05%
N	10,0%	Mo	0,01%
P_2O_5	12,0%	Zn	0,05%
K_2O	10,0%	S	0,01%
B	0,02%		

Fertilizante: FER 84

Composición: 12 – 0 – 0 + 6.0Mg

Materiales:

Materiales	% Pureza	Aporte	% Adición (p/p)	Función
Agua	99	-	45.71	Diluyente
Ácido nítrico	55	12,0%N	5.0	Nutriente
Cloruro de Magnesio	99	25% MgO	24.0	Nutriente
Urea	99	46.0% N	24.79	Nutriente

Propilenglicol	99	-	0.5	Anticongelante, adherente, humectante

Equipo de protección personal: Guantes de nitrilo, lentes de seguridad, mandil de pvc, mascarilla para polvos.

Instrucciones de fabricación:

1. Se adiciona 45.71% de agua en un recipiente adecuado.
2. Se incorpora 5.0% de ácido nítrico y se agita a velocidad constante hasta su completa solubilización.
3. Se agrega 24% de cloruro de magnesio a la solución en agitación constante hasta que se disuelva completamente.
4. Se adiciona 24.79% de urea a la mezcla y se agita hasta su completa disolución
5. Se agrega 0.5% de propilenglicol a la solución y se agita hasta que la mezcla sea homogénea.

Especificaciones del fertilizante:

Parámetro	Especificación	Parámetro	Especificación
Apariencia	Líq. Incoloro a lig. Amarillo	N	12.0%
Densidad	1,30 - 1,35 g/mL	MgO	6.0%
pH al 1%	3 a 7		

Fertilizante: FER 85

Composición: 0 – 45 – 0

Materiales:

Materiales	% Pureza	Aporte	% Adición (p/p)	Función
Agua	99	-	27.32	Diluyente
Ácido fosfórico	85	61,5% P_2O_5	73.18	Nutriente
Propilenglicol	99	-	0.5	Anticongelante, adherente, humectante

Equipo de protección personal: Guantes de nitrilo, lentes de seguridad, mandil de pvc, mascarilla para polvos.

Instrucciones de fabricación:

1. Se adiciona 27.32% de agua en un recipiente adecuado.
2. Se incorpora 73.18% de ácido fosfórico y se agita a velocidad constante hasta su completa solubilización.
3. Se agrega 0.5% de propilenglicol a la solución y se agita hasta que la mezcla sea homogénea.

Especificaciones del fertilizante:

Parámetro	Especificación	Parámetro	Especificación
Apariencia	Líq. Inocoloro	pH al 1%	2 a 5
Densidad	1,50 - 1,60 g/mL	P_2O_5	35,0%
pH al 1%	2 a 5		

Fertilizante: FER 86

Composición: 0.8 − 0 − 0.2 + 7.0CaO + 3.0B + 5.0% Aminoácidos + 2.0% Ácido húmico + 2.0% Ácido fúlvico

Materiales:

Materiales	% Pureza	Aporte	% Adición (p/p)	Función
Agua	99	-	46.29	Diluyente
Ácido bórico	99	21% B	17.15	Nutriente
Monoetanolamina	99	-	5.0	Disolvente
Cloruro de calcio	94	36% CaO	19.45	Nutriente
Aminoácidos	80	13,62%N	6.25	Nutriente
Ácido fúlvico	80	0,19%N 0,15% K_2O	2.5	Nutriente
Ácido húmico	70	8,0% K_2O	2.86	Nutriente
Propilenglicol	99	-	0.5	Anticongelante, adherente, humectante

Equipo de protección personal: Guantes de nitrilo, lentes de seguridad, mandil de pvc, mascarilla para polvos.

Instrucciones de fabricación:

1. Se adiciona 46.29% de agua en un recipiente adecuado.
2. Se agrega 17.15% de ácido bórico a la solución en agitación constante hasta que se disuelva completamente.
3. Se incorpora 5.0% de monoetanolamina a la mezcla y se agita hasta su completa disolución.
4. Se adiciona 19.45% de cloruro de calcio a la solución en agitación constante hasta su completa homogeneización.
5. Se incorpora 6.25% de aminoácidos a la mezcla, y se agita hasta su completa disolución.
6. Se adiciona 2.5% de ácido fúlvico a la solución y se agita hasta su completa homogeneización.
7. Se incorpora 2.86% de ácido fúlvico a la mezcla y se agita hasta su completa solubilización.
8. Se agrega 0.5% de propilenglicol a la solución y se agita hasta que la mezcla sea homogénea.

Especificaciones del fertilizante:

Parámetro	Especificación	Parámetro	Especificación
Apariencia	Líq. Lig. Amarillo a blanquizco	CaO	7,0%
Densidad	1,60 - 1,70 g/mL	B	3,0%
pH al 1%	3 a 7	Aminoácidos	5,0%
N	0,8%	Ácido húmico	2,0%
K_2O	0,2%	Ácido fúlvico	2,0%

Fertilizante: FER 87

Composición: 0 – 29.5 – 5 + 4.5CaO + 3.0Zn

Materiales:

Materiales	% Pureza	Aporte	% Adición (p/p)	Función
Agua	99	-	22.17	Diluyente
Ácido fosfórico	85	61,5% P_2O_5	49.96	Nutriente
Cloruro de calcio	94	36% CaO	12.5	Nutriente
Cloruro de zinc	98	46,0% Zn	6.53	Nutriente
Cloruro de potasio	99	60,0% K_2O	8.34	Nutriente
Propilenglicol	99	-	0.5	Anticongelante, adherente, humectante

Equipo de protección personal: Guantes de nitrilo, lentes de seguridad, mandil de pvc, mascarilla para polvos.

Instrucciones de fabricación:

1. Se adiciona 22.17% de agua en un recipiente adecuado.

2. Se incorpora 49.96% de ácido fosfórico y se agita a velocidad constante hasta su completa solubilización.

3. Se agrega 12.5% de cloruro de calcio a la solución en agitación constante hasta que se disuelva completamente.

4. Se adiciona 6.53% de cloruro de zinc a la solución en agitación constante hasta su completa homogeneización.

5. Se incorpora 8.34% de cloruro de potasio a la mezcla, y se agita hasta su completa disolución.

6. Se agrega 0.5% de propilenglicol a la solución y se agita hasta que la mezcla sea homogénea.

Especificaciones del fertilizante:

Parámetro	Especificación	Parámetro	Especificación
Apariencia	Líq. Lig. Amarillo a blanquizco	K_2O	5,0%
Densidad	1,60 - 1,70 g/mL	CaO	4,5%
pH al 1%	3 a 7	Zn	3,0%
P_2O_5	29,5%		

Fertilizante: FER 88

Composición: 0 – 6.1 – 4 + 0.5MgO + 0.4S

Materiales:

Materiales	% Pureza	Aporte	% Adición (p/p)	Función
Agua	99	-	84.6	Diluyente
Sulfato de magnesio	99	16% MgO 13% S	3.13	Nutriente
Fosfato monopotásico	98	52,0% P_2O_5 34,0% K_2O	11.77	Nutriente
Propilenglicol	99	-	0.5	Anticongelante, adherente, humectante

Equipo de protección personal: Guantes de nitrilo, lentes de seguridad, mandil de pvc, mascarilla para polvos.

Instrucciones de fabricación:

1. Se adiciona 84.6% de agua en un recipiente adecuado.

2. Se incorpora 3.13% de sulfato de magnesio y se agita a velocidad constante hasta su completa solubilización.

3. Se agrega 11.17% de fosfato monopotásico a la solución en agitación constante hasta que se disuelva completamente.

4. Se agrega 0.5% de propilenglicol a la solución y se agita hasta que la mezcla sea homogénea.

Especificaciones del fertilizante:

Parámetro	Especificación	Parámetro	Especificación
Apariencia	Líq. Lig. Amarillo a blanquizco	K_2O	4,0%
Densidad	1,60 - 1,70 g/mL	MgO	0,5%
pH al 1%	3 a 7	S	0,4%
P_2O_5	6,1%		

Fertilizante: FER 89

Composición: 25 – 0 – 0

Materiales:

Materiales	% Pureza	Aporte	% Adición (p/p)	Función
Agua	99	-	45.15	Diluyente
Urea	99	46,0% N	54.35	Nutriente
Propilenglicol	99	-	0.5	Anticongelante, adherente, humectante

Equipo de protección personal: Guantes de nitrilo, lentes de seguridad, mandil de pvc, mascarilla para polvos.

Instrucciones de fabricación:

1. Se adiciona 45.15% de agua en un recipiente adecuado.

2. Se incorpora 54.35% de sulfato de magnesio y se agita a velocidad constante hasta su completa solubilización.

3. Se agrega 0.5% de propilenglicol a la solución y se agita hasta que la mezcla sea homogénea.

Especificaciones del fertilizante:

Parámetro	Especificación	Parámetro	Especificación
Apariencia	Líq. Incoloro a lig. Amarillo	pH al 1%	4 a 8
Densidad	1,33 - 1,38 g/mL	N	25,0%

Fertilizante: FER 90

Composición: 1.7 – 0 – 0 + 1.5MgO + 1.2S + 10.0% Aminoácidos +10.0% Ácido carboxílico

Materiales:

Materiales	% Pureza	Aporte	% Adición (p/p)	Función
Agua	99	-	66.53	Diluyente
Ácido sulfúrico	98	72,0% S	1.09	Nutriente
Sulfato de magnesio	99	16% MgO / 13% S	9.38	Nutriente
Ácido maleico	99	48.04% C	10.0	Nutriente
Aminoácidos	80	13,62%N	12.5	Nutriente
Propilenglicol	99	-	0.5	Anticongelante, adherente, humectante

Equipo de protección personal: Guantes de nitrilo, lentes de seguridad, mandil de pvc, mascarilla para polvos.

Instrucciones de fabricación:

1. Se adiciona 66.53% de agua en un recipiente adecuado.

2. Se agrega 1.09% de ácido sulfúrico a la mezcla y se agita hasta su completa solubilización.

3. Se incorpora 9.38% de sulfato de magnesio y se agita a velocidad constante hasta su completa solubilización.

4. Se agrega 10.0% de ácido maleico lentamente a la solución en agitación constante hasta que se disuelva completamente.

5. Se incorpora 12.5% de aminoácidos a la solución y se agita para obtener un producto homogéneo.

6. Se agrega 0.5% de propilenglicol a la solución y se agita hasta que la mezcla sea homogénea.

Especificaciones del fertilizante:

Parámetro	Especificación	Parámetro	Especificación
Apariencia	Líq. Incoloro a lig. Amarillo	MgO	1,5%
Densidad	1,27 - 1,33 g/mL	S	1,2%
pH al 1%	3 a 7	Aminoácidos	10.0%
N	1,7%	Ácido carboxílico	10.0%

Fertilizante: FER 91

Composición: 5 – 1.5 – 3 + 6.0% Ácido carboxílico + 5.0% Ácido húmico + 12.0% Ácido fúlvico

Materiales:

Materiales	% Pureza	Aporte	% Adición (p/p)	Función
Agua	99	-	54.48	Diluyente
Ácido maleico	99	48.04% C	6.0	Nutriente
Fosfato monopotásico	98	52,0% P_2O_5 34,0% K_2O	2.89	Nutriente
Ácido fúlvico	80	0,19%N 0,15% K_2O	15.0	Nutriente
Ácido húmico	70	8,0% K_2O	7.15	Nutriente
Urea	99	46,0% N	10.81	Nutriente
Hidróxido de potasio	50	45,0% K_2O	3.17	Nutriente
Propilenglicol	99	-	0.5	Anticongelante, adherente, humectante

Equipo de protección personal: Guantes de nitrilo, lentes de seguridad, mandil de pvc, mascarilla para polvos.

Instrucciones de fabricación:

1. Se adiciona 54.48% de agua en un recipiente adecuado.
2. Se incorpora 6.0% de ácido maleico y se agita a velocidad constante hasta su completa solubilización.
3. Se agrega 2.89% de fosfato monopotásico a la solución en agitación constante hasta que se disuelva completamente.
4. Se adiciona 15.0% de ácido fúlvico a la solución en agitación constante hasta su completa homogeneización.
5. Se incorpora 7.15% de ácido húmico a la mezcla, y se agita hasta su completa disolución.
6. Se adiciona 10.81% de urea a la mezcla y se adiciona en agitación constante hasta obtener su completa solubilización.
7. Se incorpora 3.17% de hidróxido de potasio a la solución y se agita hasta obtener una mezcla homogénea.
8. Se agrega 0.5% de propilenglicol a la solución y se agita hasta que la mezcla sea homogénea.

Especificaciones del fertilizante:

Parámetro	Especificación	Parámetro	Especificación
Apariencia	Líq.Lig. Amarillo a café	K_2O	3,0%
Densidad	1,04 - 1,10 g/mL	Ácido carboxílico	6,0%
pH al 1%	4 a 9	Ácido húmico	5,0%
N	5,0%	Ácido fúlvico	12,0%
P_2O_5	1,5%		

Fertilizante: FER 92

Composición: 5 – 0 – 0 + 8.0Zn + 1.0% Ácido fúlvico

Materiales:

Materiales	% Pureza	Aporte	% Adición (p/p)	Función
Agua	99	-	66.98	Diluyente
Ácido clorhídrico	37	-	3.0	Disolvente
Cloruro de zinc	98	46,0% Zn	17.4	Nutriente
Urea	99	46,0% N	10.87	Nutriente
Ácido fúlvico	80	0,19%N 0,15% K_2O	1.25	Nutriente
Propilenglicol	99	-	0.5	Anticongelante, adherente, humectante

Equipo de protección personal: Guantes de nitrilo, lentes de seguridad, mandil de pvc, mascarilla para polvos.

Instrucciones de fabricación:

1. Se adiciona 66.98% de agua en un recipiente adecuado.

2. Se incorpora 63.0% de ácido clorhídrico y se agita a velocidad constante hasta su completa solubilización.

3. Se agrega 17.14% de cloruro de zinc a la solución en agitación constante hasta que se disuelva completamente.

4. Se adiciona 10.87% de urea a la solución en agitación constante hasta su completa homogeneización.

5. Se incorpora 1.25% de ácido fúlvico a la mezcla, y se agita hasta su completa disolución.

6. Se agrega 0.5% de propilenglicol a la solución y se agita hasta que la mezcla sea homogénea.

Especificaciones del fertilizante:

Parámetro	Especificación	Parámetro	Especificación
Apariencia	Líq. Café	N	5,0%
Densidad	1,18 - 1,24 g/mL	Zn	8,0%
pH al 1%	4 a 9	Ácido fúlvico	1,0%

Fertilizante: FER 93

Composición: 2 – 0 – 0 + 5.0Fe + 1.0% Ácido fúlvico + 3.1S

Materiales:

Materiales	% Pureza	Aporte	% Adición (p/p)	Función
Agua	99	-	67.58	Diluyente
Sulfato ferroso	99	19,0% Fe 12,0% S	26.32	Nutriente
Urea	99	46,0% N	4.35	Nutriente
Ácido fúlvico	80	0,19%N 0,15% K$_2$O	1.25	Nutriente
Propilenglicol	99	-	0.5	Anticongelante, adherente, humectante

Equipo de protección personal: Guantes de nitrilo, lentes de seguridad, mandil de pvc, mascarilla para polvos.

Instrucciones de fabricación:

1. Se adiciona 67.58% de agua en un recipiente adecuado.

2. Se incorpora 26.32% de sulfato ferroso y se agita a velocidad constante hasta su completa solubilización.

3. Se agrega 4.35% de urea a la solución en agitación constante hasta que se disuelva completamente.

4. Se adiciona 1.25% de ácido fúlvico a la solución en agitación constante hasta su completa homogeneización.

5. Se agrega 0.5% de propilenglicol a la solución y se agita hasta que la mezcla sea homogénea.

Especificaciones del fertilizante:

Parámetro	Especificación	Parámetro	Especificación
Apariencia	Líq. Café	Fe	5,0%
Densidad	1,17 - 1,23 g/mL	Ácido fúlvico	1,0%
pH al 1%	4 a 9	S	3,1%
N	2,0%		

Fertilizante: FER 94

Composición: 8 – 5 – 7 + 1.2MgO + 1.2 Fe + 1.5Zn + 2.1S + 1.0% Ácido fúlvico + 0.08% Citocininas + 0.08% Giberelinas + 0.08% Auxinas + 0.05% Ácido láctico + 0.05% Ácido cítrico + 0.05 Vitamina A + 0.05% Vitamina B1 + 0.05% + Ácido fólico

Materiales:

Materiales	% Pureza	Aporte	% Adición (p/p)	Función
Agua	99	-	45.86	Diluyente
Cloruro de zinc	98	46,0% Zn	3.27	Nutriente
Sulfato ferroso	99	19,0% Fe / 12,0% S	6.32	Nutriente
Cloruro de magnesio	99	25% MgO	4.8	Nutriente
Fosfato monopotásico	98	52,0% P_2O_5 / 34,0% K_2O	9.62	Nutriente
Ácido fúlvico	80	0,19%N / 0,15% K_2O	1.25	Nutriente
Sulfato de potasio	99	50,0% K_2O	7.46	Nutriente

			18,0% S		
Ácido láctico	80	80%	0.07		Bioestimulante
Ácido cítrico	99	99%	0.05		Bioestimulante
Urea	99	46,0% N	17.4		Nutriente
DMSO	99	-	3.0		Disolvente
Ácido 3-Indolbutírico	99	99%	0.08		Bioestimulante
6-Bencil amino purina	99	99%	0.08		Bioestimulante
Ácido giberélico	90	90%	0.09		Bioestimulante
Vitamina A	99	99%	0.05		Bioestimulante
Vitamina B1	99	99%	0.05		Bioestimulante
Ácido fólico	99	99%	0.05		Bioestimulante
Propilenglicol	99	-	0.5		Anticongelante, adherente, humectante

Equipo de protección personal: Guantes de nitrilo, lentes de seguridad, mandil de pvc, mascarilla para polvos.

Instrucciones de fabricación:

MEZCLA 1

1. Se adiciona 45.86% de agua en un recipiente adecuado.
2. Se incorpora 3.27% de cloruro de zinc y se agita a velocidad constante hasta su completa solubilización.
3. Se agrega 6.32% de sulfato ferroso a la solución en agitación constante hasta que se disuelva completamente.
4. Se adiciona 4.8% de cloruro de magnesio a la solución en agitación constante hasta su completa homogeneización.
5. Se incorpora 9.62% de fosfato monopotásico a la mezcla, y se agita hasta su completa disolución.
6. Se agrega 1.25% de ácido fúlvico a la mezcla y se agita hasta su completa homogeneización.

7. Se adiciona 7.46% de sulfato de potasio en agitación constante hasta su completa solubilización.

8. Se incorpora 0.07% de ácido láctico a la solución hasta su solubilización completa.

9. Se agrega 0.05% de ácido cítrico a la mezcla en agitación constante hasta obtener una solución homogénea.

10. Se adiciona 17.4% de urea a la solución y se agita hasta su solubilización completa

MEZCLA 2

11. Se adiciona 3.0% de dimetilsulfóxido en un recipiente por separado, se adiciona 0.08% de ácido 3-indolbutírico, 0.08% de 6-bencil amino purina, 0.09% de ácido giberélico, 0.05% de vitamina a, 0.05% de vitamina b1 y 0.05% de ácido fólico a la mezcla, y se agita hasta su completa solubilización.

MEZCLA FINAL

12. Posteriormente se agrega la "mezcla 2" en la "mezcla 1" lentamente hasta su disolución completa.

13. Se agrega 0.5% de Propilenglicol a la solución y se agita hasta que la mezcla sea homogénea.

Especificaciones del fertilizante:

Parámetro	Especificación	Parámetro	Especificación
Apariencia	Líq. Café	S	2,1%
Densidad	1,31 - 1,36 g/mL	Ácido fúlvico	1,0%
pH al 1%	4 a 9	Citocininas	0,08%
N	8,0%	Giberelinas	0,08%
P_2O_5	5,0%	Auxinas	0,08%
K_2O	7,0%	Ácido láctico	0,05%
MgO	1,2%	Ácido cítrico	0,05%
Fe	1,2%	Vitamina A	0,05%
Zn	1,5%	Vitamina B1	0,05%
Ácido fólico	0,05%		

Fertilizante: FER 95

Composición: 12 − 3 − 3 + 1.0MgO + 1.0Fe + 1.0Zn + 1.0S + 1.0% Ácido fúlvico + 0.1% Citocininas + 0.09% Giberelinas + 0.1% Auxinas + 0.05% Ácido láctico + 0.05% Ácido cítrico + 0.05 Vitamina A + 0.05% Vitamina B1 + 0.05% + Ácido fólico

Materiales:

Materiales	% Pureza	Aporte	% Adición (p/p)	Función
Agua	99	-	49.29	Diluyente
Cloruro de zinc	98	46,0% Zn	2.18	Nutriente
Sulfato ferroso	99	19,0% Fe / 12,0% S	5.27	Nutriente
Cloruro de magnesio	99	25% MgO	4.0	Nutriente
Fosfato monopotásico	98	52,0% P_2O_5 / 34,0% K_2O	5.77	Nutriente
Ácido fúlvico	80	0,19% N / 0,15% K_2O	1.25	Nutriente
Sulfato de potasio	99	50,0% K_2O / 18,0% S	2.08	Nutriente
Ácido láctico	80	80%	0.07	Bioestimulante
Ácido cítrico	99	99%	0.05	Bioestimulante
Urea	99	46,0% N	26.09	Nutriente
DMSO	99	-	3.0	Disolvente
Ácido 3-Indolbutírico	99	99%	0.1	Bioestimulante
6-Bencil amino purina	99	99%	0.1	Bioestimulante
Ácido Giberélico	90	90%	0.1	Bioestimulante
Vitamina A	99	99%	0.05	Bioestimulante

Vitamina B1	99	99%	0.05	Bioestimulante
Ácido fólico	99	99%	0.05	Bioestimulante
Propilenglicol	99	-	0.5	Anticongelante, adherente, humectante

Equipo de protección personal: Guantes de nitrilo, lentes de seguridad, mandil de pvc, mascarilla para polvos.

Instrucciones de fabricación:

MEZCLA 1

1. Se adiciona 49.29% de agua en un recipiente adecuado.

2. Se incorpora 2.18% de cloruro de zinc y se agita a velocidad constante hasta su completa solubilización.

3. Se agrega 5.27% de sulfato ferroso a la solución en agitación constante hasta que se disuelva completamente.

4. Se adiciona 4.0% de cloruro de magnesio a la solución en agitación constante hasta su completa homogeneización.

5. Se incorpora 5.77% de fosfato monopotásico a la mezcla, y se agita hasta su completa disolución.

6. Se agrega 1.25% de ácido fúlvico a la mezcla y se agita hasta su completa homogeneización.

7. Se adiciona 2.08% de sulfato de potasio en agitación constante hasta su completa solubilización.

8. Se incorpora 0.07% de ácido láctico a la solución hasta su solubilización completa.

9. Se agrega 0.05% de ácido cítrico a la mezcla en agitación constante hasta obtener una solución homogénea.

10. Se adiciona 26.09% de urea a la solución y se agita hasta su solubilización completa

MEZCLA 2

11. Se adiciona 3.0% de dimetilsulfoxido en un recipiente por separado, se adiciona 0.1% de ácido 3-indolbutírico, 0.1% de 6-bencil amino purina, 0.1% de ácido giberélico, 0.05% de vitamina a, 0.05% de vitamina b1 y 0.05% de ácido fólico a la mezcla, y se agita hasta su completa solubilización.

MEZCLA FINAL

12. Posteriormente se agrega la "mezcla 2" en la "mezcla 1" lentamente hasta su disolución completa.
13. Se agrega 0.5% de Propilenglicol a la solución y se agita hasta que la mezcla sea homogénea.

Especificaciones del fertilizante:

Parámetro	Especificación	Parámetro	Especificación
Apariencia	Líq. Café	S	1,0%
Densidad	1,28 - 1,35 g/mL	Ácido fúlvico	1,0%
pH al 1%	4 a 9	Citocininas	0,1%
N	12,0%	Giberelinas	0,09%
P_2O_5	3,0%	Auxinas	0,1%
K_2O	3,0%	Ácido láctico	0,05%
MgO	1,0%	Ácido cítrico	0,05%
Fe	1,0%	Vitamina A	0,05%
Zn	1,0%	Vitamina B1	0,05%
Ácido fólico	0,05%		

Fertilizante: FER 96

Composición: 0 – 0 –24

Materiales:

Materiales	% Pureza	Aporte	% Adición (p/p)	Función
Agua	99	-	46.16	Diluyente
Hidróxido de potasio	50	45,0% K_2O	53.34	Nutriente
Propilenglicol	99	-	0.5	Anticongelante, adherente, humectante

Equipo de protección personal: Guantes de nitrilo, lentes de seguridad, mandil de pvc, mascarilla para polvos.

Instrucciones de fabricación:

1. Se adiciona 46.16% de agua en un recipiente adecuado.
2. Se incorpora 53.34% de hidróxido de potasio y se agita a velocidad constante hasta su completa solubilización.
3. Se agrega 0.5% de propilenglicol a la solución y se agita hasta que la mezcla sea homogénea.

Especificaciones del fertilizante:

Parámetro	Especificación	Parámetro	Especificación
Apariencia	Líq. Incoloro	pH al 1%	8 a 13
Densidad	1,25 - 1,30 g/mL	K_2O	24.0%

Fertilizante: FER 97

Composición: 0 – 0 – 0 + 6.0Fe + 4.8S

Materiales:

Materiales	% Pureza	Aporte	% Adición (p/p)	Función
Agua	99	-	10.38	Diluyente
Sulfato férrico	45	12.6% Fe / 10.2%S	47.62	Nutriente
EDTA	39	-	22.38	Quelante
Trietanolamina	99	-	30.0	Disolvente, anticongelante, adherente, humectante

Equipo de protección personal: Guantes de nitrilo, lentes de seguridad, mandil de pvc, mascarilla para polvos.

Instrucciones de fabricación:

1. Se adiciona 10.38% de agua en un recipiente adecuado.
2. Se agrega 47.62% de sulfato férrico a la mezcla y se agita hasta su completa solubilización.
3. Se incorpora 12.0% de EDTA y se agita a velocidad constante hasta su completa solubilización.
4. Se agrega 30% de propilenglicol a la solución y se agita hasta que la mezcla sea homogénea.

Especificaciones del fertilizante:

Parámetro	Especificación	Parámetro	Especificación
Apariencia	Líq. Café rojizo	Fe	6,0%
Densidad	1,22 - 1,30 g/mL	S	4,8%
pH al 1%	4 a 7		

Fertilizante: FER 98

Composición: 0 – 0 – 0 + 8.0Cu + 4.0S

Materiales:

Materiales	% Pureza	Aporte	% Adición (p/p)	Función
Agua	99	-	60.0	Diluyente
Sulfato de cobre pentahidratado	99	25,0% Cu / 12.8% S	32.0	Nutriente
EDTA	39	-	3.0	Quelante
Trietanolamina	99	-	5.0	Disolvente, anticongelante, adherente, humectante

Equipo de protección personal: Guantes de nitrilo, lentes de seguridad, mandil de pvc, mascarilla para polvos.

Instrucciones de fabricación:

1. Se adiciona 60.0% de agua en un recipiente adecuado.
2. Se agrega 32.0% de sulfato de cobre pentahidratado a la mezcla y se agita hasta su completa solubilización.
3. Se incorpora 3.0% de EDTA y se agita a velocidad constante hasta su completa solubilización.
4. Se agrega 5.0% de propilenglicol a la solución y se agita hasta que la mezcla sea homogénea.

Especificaciones del fertilizante:

Parámetro	Especificación	Parámetro	Especificación
Apariencia	Líq. Café rojizo	Cu	8,0%
Densidad	1,22 - 1,30 g/mL	S	4,0%
pH al 1%	4 a 7		

Fertilizante: FER 99

Composición: 0 – 0 – 0 + 6.0B

Materiales:

Materiales	% Pureza	Aporte	% Adición (p/p)	Función
Agua	99	-	45.7	Diluyente
Ácido bórico	99	17.5% B	34.3	Nutriente
Monoetanolamina	99	-	19.5	Disolvente,
Propilenglicol	99	-	0.5	Anticongelante, adherente, humectante

Equipo de protección personal: Guantes de nitrilo, lentes de seguridad, mandil de pvc, mascarilla para polvos.

Instrucciones de fabricación:

1. Se adiciona 45.7% de agua en un recipiente adecuado.
2. Se agrega 34.3% de ácido bórico a la mezcla y se agita hasta su completa solubilización.
3. Se incorpora 19.5% de monoetanolamina y se agita a velocidad constante hasta su completa solubilización.
4. Se agrega 0.5% de propilenglicol a la solución y se agita hasta que la mezcla sea homogénea.

Especificaciones del fertilizante:

Parámetro	Especificación	Parámetro	Especificación
Apariencia	Líq. incoloro	pH al 1%	5 a 10
Densidad	1,26 - 1,34 g/mL	B	6,0%

Fertilizante: FER 100

Composición: 1.8 – 0 – 0 + 8Mo

Materiales:

Materiales	% Pureza	Aporte	% Adición (p/p)	Función
Agua	99	-	79.68	Diluyente
Molibdato de amonio tetrahidratado	99	54,0% Mo / 12.7% N	14.82	Nutriente
EDTA	99	-	5.0	Quelante
Propilenglicol	99	-	0.5	Anticongelante, adherente, humectante

Equipo de protección personal: Guantes de nitrilo, lentes de seguridad, mandil de pvc, mascarilla para polvos.

Instrucciones de fabricación:

1. Se adiciona 79.68% de agua en un recipiente adecuado.

2. Se agrega 14.82% de molibdato de amonio tetrahidratado a la mezcla y se agita hasta su completa solubilización.

3. Se incorpora 5.0% de EDTA y se agita a velocidad constante hasta su completa solubilización.

4. Se agrega 0.5% de propilenglicol a la solución y se agita hasta que la mezcla sea homogénea.

Especificaciones del fertilizante:

Parámetro	Especificación	Parámetro	Especificación
Apariencia	Líq. Lig. Amarillo	N	1,8%
Densidad	1,08 - 1,14 g/mL	Mo	8,0%
pH al 1%	5 a 10		

Fertilizante: FER 101

Composición: 0.6 – 0 – 0 + 3.0Fe + 2.9S + 1.0Mn + 1.0Zn +4.0% Aminoácidos

Materiales:

Materiales	% Pureza	Aporte	% Adición (p/p)	Función
Agua	99	-	39.19	Diluyente
Sulfato de manganeso	99	32,0% Mn / 18,0% S	3.13	Nutriente
Cloruro de zinc	98	46,0% Zn	2.18	Nutriente
Aminoácidos	80	13,62%N	5.0	Nutriente
FER-94	-	6.0% Fe / 4.8% S	50.0	Nutriente
Propilenglicol	99	-	0.5	Anticongelante, adherente, humectante

Equipo de protección personal: Guantes de nitrilo, lentes de seguridad, mandil de pvc, mascarilla para polvos.

Instrucciones de fabricación:

1. Se adiciona 39.19% de agua en un recipiente adecuado.

2. Se agrega 3.13% de sulfato de manganeso a la mezcla y se agita hasta su completa solubilización.

3. Se incorpora 2.18% de cloruro de zinc y se agita a velocidad constante hasta su completa solubilización.

4. Se adiciona 5.0% de aminoácidos a la mezcla y se agita hasta obtener su completa homogeneización.

5. Se incorpora 50.0% de FER-94 a la solución y se agita hasta obtener una solución completamente homogénea.

6. Se agrega 0.5% de propilenglicol a la solución y se agita hasta que la mezcla sea homogénea.

Especificaciones del fertilizante:

Parámetro	Especificación	Parámetro	Especificación
Apariencia	Líq. Café rojizo	S	2,9%
Densidad	1,25 - 1,33 g/mL	Mn	1,0%
pH al 1%	4 a 8	Zn	1,0%
N	0,6%	Aminoácidos	4,0%
Fe	3,0%		

Fertilizante: FER 102

Composición: 0 – 0 – 0 + 8.5CaO

Materiales:

Materiales	% Pureza	Aporte	% Adición (p/p)	Función
Agua	99	-	71.38	Diluyente
Cloruro de calcio	94	36% CaO	23.62	Nutriente
Ácido clorhídrico	37	-	3.0	Disolvente
Propilenglicol	99	-	2.0	Anticongelante, adherente, humectante

Equipo de protección personal: Guantes de nitrilo, lentes de seguridad, mandil de pvc, mascarilla para polvos.

Instrucciones de fabricación:

1. Se adiciona 71.38% de agua en un recipiente adecuado.

2. Se agrega 23.62% de cloruro de calcio a la mezcla y se agita hasta su completa solubilización.

3. Se incorpora 3.0% de ácido clorhídrico y se agita a velocidad constante hasta su completa solubilización.

4. Se agrega 2.0% de propilenglicol a la solución y se agita hasta que la mezcla sea homogénea.

Especificaciones del fertilizante:

Parámetro	Especificación	Parámetro	Especificación
Apariencia	Líq. Incoloro a blanquizco	pH al 1%	2 a 6
Densidad	1,15 - 1,20 g/mL	CaO	8.5%

Fertilizante: FER 103

Composición: 0 – 7.4 – 11 + 0.8Cu + 9.2Si

Materiales:

Materiales	% Pureza	Aporte	% Adición (p/p)	Función
Agua	99	-	51.3	Diluyente
Sulfato de cobre pentahidratado	99	25,0% Cu / 12.8% S	3.2	Nutriente
Fosfato monopotásico	98	52,0% P_2O_5 / 34,0% K_2O	14.3	Nutriente
Silicato de potasio	40	20,0% K_2O / 30% SiO_2	30.7	Nutriente
Propilenglicol	99	-	0.5	Anticongelante, adherente, humectante

Equipo de protección personal: Guantes de nitrilo, lentes de seguridad, mandil de pvc, mascarilla para polvos.

Instrucciones de fabricación:

1. Se adiciona 51.3% de agua en un recipiente adecuado.
2. Se agrega 3.2% de sulfato de cobre pentahidratado a la mezcla y se agita hasta su completa solubilización.

3. Se incorpora 14.3% de fosfato monopotásico y se agita a velocidad constante hasta su completa solubilización.

4. Se adiciona 30.7% de silicato de potasio a la mezcla y se agita hasta obtener su completa homogeneización.

5. Se agrega 0.5% de propilenglicol a la solución y se agita hasta que la mezcla sea homogénea.

Especificaciones del fertilizante:

Parámetro	Especificación	Parámetro	Especificación
Apariencia	Líq. Lig. blanquizco	K_2O	11,0%
Densidad	1,28 - 1,34 g/mL	Cu	0,8%
pH al 1%	5 a 10	Si	9,2%
P_2O_5	7,4%		

Fertilizante: FER 104

Composición: 0.6 – 0 – 0 + 4.0% Aminoácidos + 8.0SiO_2

Materiales:

Materiales	% Pureza	Aporte	% Adición (p/p)	Función
Agua	99	-	67.83	Diluyente
Aminoácidos	80	13,62%N	5.0	Nutriente
Silicato de sodio	40	30% SiO_2	26.67	Nutriente
Propilenglicol	99	-	0.5	Anticongelante, adherente, humectante

Equipo de protección personal: Guantes de nitrilo, lentes de seguridad, mandil de pvc, mascarilla para polvos.

Instrucciones de fabricación:

1. Se adiciona 67.83% de agua en un recipiente adecuado.

2. Se agrega 5.0% de aminoácidos a la mezcla y se agita hasta su completa solubilización.

3. Se incorpora 26.67% de silicato de sodio y se agita a velocidad constante hasta su completa solubilización.

4. Se agrega 0.5% de propilenglicol a la solución y se agita hasta que la mezcla sea homogénea.

Especificaciones del fertilizante:

Parámetro	Especificación	Parámetro	Especificación
Apariencia	Líq. Café	N	0,6%
Densidad	1,18 - 1,25 g/mL	Aminoácidos	4,0%
pH al 1%	4 a 10	SiO$_2$	8,0%

Fertilizante: FER 105

Composición: 0 – 0 – 0 + 8.0B + 1.0Mo

Materiales:

Materiales	% Pureza	Aporte	% Adición (p/p)	Función
Agua	99	-	26.21	Diluyente
Molibdato de sodio dihidratado	99	39,0% Mo	2.57	Nutriente
Monoetanolamina	99	-	25.0	Disolvente
Ácido bórico	99	17.5% B	45.72	Nutriente
Propilenglicol	99	-	0.5	Anticongelante, adherente, humectante

Equipo de protección personal: Guantes de nitrilo, lentes de seguridad, mandil de pvc, mascarilla para polvos.

Instrucciones de fabricación:

1. Se adiciona 26.21% de agua en un recipiente adecuado.

2. Se agrega 2.57% de molibdato de sodio dihidratado a la mezcla y se agita hasta su completa solubilización.

3. Se incorpora 25.0% de monoetanolamina y se agita a velocidad constante hasta su completa solubilización.

4. Se adiciona 45.72% de ácido bórico a la mezcla y se agita hasta obtener la completa homogeneización de los componentes.

5. Se agrega 0.5% de propilenglicol a la solución y se agita hasta que la mezcla sea homogénea.

Especificaciones del fertilizante:

Parámetro	Especificación	Parámetro	Especificación
Apariencia	Líq. Incoloro a blanquizco	B	8,0%
Densidad	1,38 - 1,46 g/mL	Mo	1,0%
pH al 1%	4 a 10		

Fertilizante: FER 106

Composición: 0.85 – 0 – 0 + 12.0CaO + 0.1MgO + 0.01B + 0.3% Ácido carboxílico + 5.0% Aminoácidos + 0.08S

Materiales:

Materiales	% Pureza	Aporte	% Adición (p/p)	Función
Agua	99	-	55.93	Diluyente
Octaborato de sodio tetrahidratado	99	21% B	0.05	Nutriente
Sulfato de magnesio	99	16% MgO / 13% S	0.63	Nutriente
Cloruro de calcio	94	36% CaO	33.34	Nutriente
Ácido clorhídrico	37	-	3.0	Disolvente
Aminoácidos	80	13,62%N	6.25	Nutriente
Ácido maleico	99	48.04%C	0.3	Nutriente
Propilenglicol	99	-	0.5	Anticongelante, adherente, humectante

Equipo de protección personal: Guantes de nitrilo, lentes de seguridad, mandil de pvc, mascarilla para polvos.

Instrucciones de fabricación:

1. Se adiciona 55.93% de agua en un recipiente adecuado.

2. Se agrega 0.05% de octaborato de sodio tetrahidratado a la mezcla y se agita hasta su completa solubilización.

3. Se incorpora 0.63% de sulfato de magnesio y se agita a velocidad constante hasta su completa solubilización.

4. Se adiciona 33.34% de cloruro de calcio a la mezcla y se agita hasta obtener su completa homogeneización.

5. Se incorpora 3.0% de ácido clorhídrico a la solución y se agita hasta obtener una solución completamente homogénea.

6. Se adiciona 0.3% de ácido maleico a la mezcla y se agita hasta su completa disolución.

7. Se agrega 0.5% de propilenglicol a la solución y se agita hasta que la mezcla sea homogénea.

Especificaciones del fertilizante:

Parámetro	Especificación	Parámetro	Especificación
Apariencia	Líq. Café	MgO	0,1%
Densidad	1,22 - 1,31 g/mL	B	0,01%
pH al 1%	3 a 7	Ácido carboxílico	0,3%
N	0,85%	Aminoácidos	5,0%
CaO.	12,0%	S	0,08%

Fertilizante: FER 107

Composición: 0 – 0 – 0 + 6.0MgO+ 4.8S

Materiales:

Materiales	% Pureza	Aporte	% Adición (p/p)	Función
Agua	99	-	22.5	Diluyente
Sulfato de magnesio	45	16% MgO 13% S	37,5	Nutriente
EDTA	39	-	15.0	Quelante
Trietanolamina	99	-	25,0	Disolvente, anticongelante, adherente, humectante

Equipo de protección personal: Guantes de nitrilo, lentes de seguridad, mandil de pvc, mascarilla para polvos.

Instrucciones de fabricación:

1. Se adiciona 22.5% de agua en un recipiente adecuado.

2. Se agrega 37.5% de sulfato de magnesio a la mezcla y se agita hasta su completa solubilización.

3. Se incorpora 15.0% de EDTA y se agita a velocidad constante hasta su completa solubilización.

4. Se agrega 25% de trietanolamina a la solución y se agita hasta que la mezcla sea homogénea.

Especificaciones del fertilizante:

Parámetro	Especificación	Parámetro	Especificación
Apariencia	Líq. blanquizco	MgO	6.0%
Densidad	1,30 - 1,38 g/mL	S	4.8%
pH al 1%	4 a 7		

Fertilizante: FER 108

Composición: 0 – 0 – 0 + 8.0Zn+ 3.8S

Materiales:

Materiales	% Pureza	Aporte	% Adición (p/p)	Función
Agua	99	-	26.9	Diluyente
Sulfato de zinc	45	21,0% Zn / 10,0% S	38.1	Nutriente
EDTA	39	-	15.0	Quelante
Trietanolamina	99	-	20,0	Disolvente, anticongelante, adherente, humectante

Equipo de protección personal: Guantes de nitrilo, lentes de seguridad, mandil de pvc, mascarilla para polvos.

Instrucciones de fabricación:

1. Se adiciona 22.5% de agua en un recipiente adecuado.
2. Se agrega 37.5% de sulfato de zinc a la mezcla y se agita hasta su completa solubilización.
3. Se incorpora 15.0% de EDTA y se agita a velocidad constante hasta su completa solubilización.
4. Se agrega 25% de trietanolamina a la solución y se agita hasta que la mezcla sea homogénea.

Especificaciones del fertilizante:

Parámetro	Especificación	Parámetro	Especificación
Apariencia	Líq. blanquizco	Zn	8.0%
Densidad	1,30 - 1,38 g/mL	S	3.8%
pH al 1%	4 a 7		

Índice de propuestas de formulación

Código de formula	Composición garantizada	Página
FER 01	4.6 – 0 – 0 + 2.5MgO + 2.4Mo + 2S + 0.1% Giberelinas	78
FER 02	7 – 18.3 – 0 + 3CaO	80
FER 03	7 – 15 – 9.8 + 0.05Mn + 0.04Fe +0.05Zn + 0.6B + 0.005S	81
FER 04	8 – 10 – 6.4 + 0.02B + 0.1Fe + 0.05Mn + 0.05Mg + 0.05CaO + 0.05Zn + 0.13S	83
FER 05	7 – 15 – 7	85
FER 06	6 – 18 – 0	86
FER 07	0 – 0 – 0 + 0.04B + 3.0Fe + 0.25Mn + 1.0Mg + 4Zn + 2.86S + 0.002Co + 0.04Cu + 0.05Mo	87
FER 08	10 – 6 – 6 + 0.1B + 2.16S + 0.5% Ác. carboxílico + 0.05% Giberelinas + 0.04% Citocininas	89
FER 09	2 – 20 – 1 + 5% Algas marinas + 0.4% Auxinas + 0.5% Giberelinas + 0.6% Citocininas	91
FER 10	11.5 – 9.1 – 6 + 0.23S + 0.025CaO + 0.025Mg + 0.036B + 0.04Cu + 0.05Fe + 0.036Mn + 0.005Mo + 0.08Zn + 0.003% Auxinas + 0.004% Vitamina B1	93
FER 11	2 – 20 – 1 + 5% Algas marinas + 0.4% Auxinas + 0.5% Giberelinas + 0.6% Citocininas	95
FER 12	1.14 – 0.1 – 0.46 + 1.0S + 0.1CaO + 4% Ác. Húmico + 2% Ác. Fúlvico + 3% Aminoácidos	97
FER 13	0.023 – 0.018 – 1.7 + 15% Ác. Húmico + 10% Ác. fúlvico	99
FER 14	8 – 8 – 8 + 18% Algas marinas	101
FER 15	0 – 1.9 – 4 + 25% Ácido húmico	102

FER 16	8 – 1.8 – 0.8 + 0.5% S + 5% Ácido fúlvico	103
FER 17	5 – 5 – 5 + 0.5MgO + 0.8Mn + 1.0Mo + 0.5Fe + 1.1S + 1.0CaO + 0.4B + 1.2Zn + 0.8Cu + 0.6SiO2 + 2.0% Ácido fúlvico + 2.25% Ácido húmico + 0.11% Auxinas + 0.13% Citocininas + 0.105% Giberelinas	105
FER 18	2.3 – 5 – 0.5 + 1.1S + 1.5B + 1.0Zn + 1.0Fe + 5.0% Ácido húmico + 10.0% Aminoácidos + 0.4% Auxinas + 0.2% Citocininas	108
FER 19	4 – 12 – 8 + 0.17S + 0.1CaO + 0.1Fe + 0.1Cu + 0.1Zn + 0.1Mn + 0.2B + 8.0% Aminoácidos + 2.0% Ácido fúlvico	111
FER 20	2.5 – 2 – 35	113
FER 21	0 – 0 – 0 + 8.0CaO + 2B + 2Zn	114
FER 22	4 – 0 – 0 + 13.0% Aminoácidos + 0.05% Vitamina B1	116
FER 23	0 – 0 – 0.1 + 6.0B + 1.0% Ácido húmico + 1.0% Ácido fúlvico	117
FER 24	11 – 9.1 – 6 + 0.025CaO + 0.025MgO + 0.035Fe + 0.04Zn + 0.035Mn + 0.035Cu + 0.035B + 0.005Mo + 0.27S + 0.002Co	118
FER 25	0 – 0 – 0 + 8.0Fe	120
FER 26	0.5 – 2.5 – 1 + 0.15CaO + 0.3MgO + 1.0Cu + 1.32Fe + 1.0Mn + 2.0Zn + 0.007% Auxinas + 0.008% Giberelinas + 0.115% Citocininas + 8.0% Ácido húmico	121
FER 27	0 – 18 –18	123
FER 28	4 – 0 – 0 + 24% Aminoácidos	124
FER 29	5 – 8.2 – 5.9 + 0.086MgO + 0.007Fe + 0.002Cu + 0.01Zn + 0.75Mn + 0.4S + 0.006B + 0.02CaO + 5.0% Ácido húmico + 5.0% Aminoácidos	125
FER 30	3.6 – 4.6 – 3 + 0.008% B + 0.06% Zn + 0.7% Fe + 0.04% Mn + 0.01% Mo + 0.04% Cu + 0.48% S + 12.0% Aminoácidos	128
FER 31	0 – 3.8 – 2.5 + 0.3Zn + 0.14S + 0.3% Vitamina	130

	B3 + 0.3% Auxinas	
FER 32	2.0 – 0 – 1.5 + 0.16B + 0.14Zn + 0.12Mn + 0.14CaO + 0.16% Citocininas + 12.0% Aminoácidos	131
FER 33	0 – 0 – 1.3 + 12.0% Ácido húmico	133
FER 34	0.6 – 0 – 0.4 + 25.0% Ácido fúlvico	134
FER 35	3.8 – 5 – 3.8 + 1.0S + 1.0CaO + 0.62MgO + 1.12Fe + 0.5Mn + 0.15Cu + 0.1Zn + 0.05B + 0.005Co + 0.001Mo + 5.0% Ácido húmico + 2.0% Ácido fúlvico + 2.0% Ácido carboxílico	135
FER 36	1 – 7 – 5 + 0.85S + 0.6CaO + 0.5MgO + 1.0Fe + 0.3Mn + 0.1Cu + 0.1Zn + 0.05B + 0.005Co + 0.01Mo + 5.0% Ácido húmico + 2.0% Ácido fúlvico + 2.0% Ácido carboxílico	138
FER 37	0 – 0 – 10.3 + 40.0% Ácido húmico	141
FER 38	0 – 0 – 0 + 5.0B + 1.0Mo + 1.0% Ácido fúlvico	142
FER 39	0 – 0 – 0 + 2.6Fe + 2.6Zn + 1.3Mn + 1.3MgO + 4.6S	143
FER 40	0 – 0 – 0 + 5.0B	145
FER 41	0 – 0 – 0 + 9.0CaO + 2.0B + 4.0Zn	146
FER 42	0 – 12 – 18 + 0.5B + 0.05Mn + 0.06Zn + 0.04Cu + 0.04Fe + 0.05S	147
FER 43	1.7 – 15 – 20 + 0.23% Citocininas + 0.004% Giberelinas + 0.003% Auxinas + 10% Aminoácidos	149
FER 44	7 – 9 – 5	150
FER 45	16 – 4 – 8	152
FER 46	1.7 – 15 – 0 + 0.2% Auxinas + 0.06% Citocinas + 0.05% Giberelinas + 10% Aminoácidos	153
FER 47	7 – 7 – 7	154
FER 48	5.1 – 3 – 3 + 30.0% Aminoácidos	155
FER 49	3.4 – 0 – 1.7 + 20% Aminoácidos + 15% Ácido húmico	156
FER 50	5.9 – 0 – 0 + 35% Aminoácidos + 0.01Cu + 0.01Mn + 0.05Zn + 0.02CaO + 0.02B + 0.01S	157

FER 51	0 – 0 – 0 + 0.03Zn + 0.02B + 0.04Mo + 0.025Fe + 0.01S + 0.02CaO + 0.4% Citocininas + 0.2% Auxinas + 0.2% Giberelinas	159
FER 52	0 – 26.2 – 0 + 2.1Zn + 0.06Citocininas + 0.3% Auxinas + 0.1% Vitamina B1 + 0.1% Vitamina B2 + 0.1% Vitamina B3	161
FER 53	1.7 – 10 – 10 + 10% Aminoácidos + 10% Algas marinas	163
FER 54	0.6 – 0 – 6.2 + 4.0% Aminoácidos + 8.0% Ácido húmico + 8.0SiO2	164
FER 55	6 – 6 – 0 + 3.0CaO + 1.0B + 2.3Zn + 0.3% Citocininas + 0.1% Vitamina B2 + 3.0% Aminoácidos + 3.0% Ácido fúlvico	165
FER 56	0 – 1.6 – 0 + 0.06% Citocininas + 0.8% Auxinas + 0.05% Vitamina B2	167
FER 57	15 – 0 – 15	169
FER 58	0 – 0 – 0 + 0.1B + 0.7CaO + 0.3Cu + 0.6Fe + 0.3MgO + 0.5Mn + 0.9Zn + 1.0S	170
FER 59	3 – 2 – 2 + 0.5Fe + 0.3S	171
FER 60	12 – 3 – 6 + 0.05% Cu + 0.1% Fe + 0.05% Mn + 0.05% Zn + 1.0% S	173
FER 61	0 – 0 – 2 + 18.0% Ácido fúlvico + 18.0% Ácido húmico	175
FER 62	1 – 0 – 1 + 2.5% Aminoácidos + 14.0% Ácido fúlvico + S + 0.25MgO + 0.15CaO + 0.25Fe + 0.1Mn + 0.1Zn + 0.05Cu + 0.05B + 0.006 Giberelinas + 0.006 Citocininas	176
FER 63	5 – 5 – 5 + 0.8S + 0.5MgO + 0.5Fe + 0.5Zn + 0.5Mn + 0.5B + 0.5Mo + 0.5Cu + 2.0% Ácido húmico + 2.0% Ácido fúlvico + 1.0% Cisteína + 0.5 Giberelinas + 0.5 Citocininas + 0.5% Auxinas	179
FER 64	0.5 – 0 – 0 + 1.0B + 12.0CaO + 3.0% Aminoácidos	182
FER 65	0 – 0 – 20 + 0.5B + 7.0S + 5.0% Ácido húmico + 2.0% Ácido carboxílico	183

FER 66	0 – 0 – 40	185
FER 67	5 – 15.2 – 10 + 5.0% Ácido carboxílico	185
FER 68	0 – 0 – 2.2 + 10.0% Algas marinas + 1.0% Ácido fólico + 1.0% Vitamina B1 + 1.0% Vitamina B2 + 1.0% Cisteína	186
FER 69	6.5 – 0 – 0 + 24.0% Aminoácidos + 1.0% Ácido cítrico + 1.0% Prolina	188
FER 70	5 – 5 – 3.2 + 10.0% Aminoácidos	189
FER 71	6 – 0 – 0.2 + 8.0CaO + 12.0% Ácido fúlvico	190
FER 72	0 – 18 – 16	191
FER 73	0 – 0 – 0 + 2.0MgO + 10CaO + 1.6S	192
FER 74	0 – 0 – 0 + 0.5MgO + 0.3Fe + 1.2Zn + 1.0Mn + 0.3Cu + 1.1S	193
FER 75	1 – 0 – 0 + 32.2Zn	195
FER 76	1 – 0 – 0 + 1.0MgO + 10.0Zn + 9.0Mn + 5.0S	196
FER 77	6 – 10 – 0 + 12.0Zn	197
FER 78	3 – 0 – 0 + 1.5MgO + 4.0B + 4.0Zn + 1.2S	198
FER 79	0 – 44 – 7.5 + 2MgO + 3.0Zn + 1.6S	199
FER 80	2 – 0 – 0 + 7.0% CaO + 7.0% Zn + 1.5% B	201
FER 81	12 – 24 – 0	202
FER 82	0.5 – 35 – 0 + 2.0% CaO + 2.0% MgO + 3.0% Aminoácidos + 1.6% S	203
FER 83	10 – 12 – 10 + 0.02B + 0.05Cu + 0.1Fe + 0.05Mn + 0.01Mo + 0.05Zn + 0.1S	204
FER 84	12 – 0 – 0 + 6.0Mg	206
FER 85	0 – 45 – 0	207
FER 86	0.8 – 0 – 0.2 + 7.0CaO + 3.0B + 5.0% Aminoácidos + 2.0% Ácido húmico + 2.0% Ácido fúlvico	208
FER 87	0 – 29.5 – 5 + 4.5CaO + 3.0Zn	210
FER 88	0 – 6.1 – 4 + 0.5MgO + 0.4S	211
FER 89	25 – 0 – 0	212
FER 90	1.7 – 0 – 0 + 1.5MgO + 1.2S + 10.0% Aminoácidos +10.0% Ácido carboxílico	213

FER 91	5 – 1.5 – 3 + 6.0% Ácido carboxílico + 5.0% Ácido húmico + 12.0% Ácido fúlvico	214
FER 92	5 – 0 – 0 + 8.0Zn + 1.0% Ácido fúlvico	216
FER 93	2 – 0 – 0 + 5.0Fe + 1.0% Ácido fúlvico + 3.1S	217
FER 94	8 – 5 – 7 + 1.2MgO + 1.2 Fe + 1.5Zn + 2.1S + 1.0% Ácido fúlvico + 0.08% Citocininas + 0.08% Giberelinas + 0.08% Auxinas + 0.05% Ácido láctico + 0.05% Ácido cítrico + 0.05 Vitamina A + 0.05% Vitamina B1 + 0.05% + Ácido fólico	218
FER 95	12 – 3 – 3 + 1.0MgO + 1.0Fe + 1.0Zn + 1.0S + 1.0% Ácido fúlvico + 0.1% Citocininas + 0.09% Giberelinas + 0.1% Auxinas + 0.05% Ácido láctico + 0.05% Ácido cítrico + 0.05 Vitamina A + 0.05% Vitamina B1 + 0.05% + Ácido fólico	221
FER 96	0 – 0 –24	223
FER 97	0 – 0 – 0 + 6.0Fe + 4.8S	225
FER 98	0 – 0 – 0 + 8.0Cu + 4.0S	226
FER 99	0 – 0 – 0 + 6.0B	227
FER 100	1.8 – 0 – 0 + 8Mo	228
FER 101	0.6 – 0 – 0 + 3.0Fe + 2.9S + 1.0Mn + 1.0Zn +4.0% Aminoácidos	229
FER 102	0 – 0 – 0 + 8.5CaO	230
FER 103	0 – 7.4 – 11 + 0.8Cu + 9.2Si	231
FER 104	0.6 – 0 – 0 + 4.0% Aminoácidos + 8.0SiO2	232
FER 105	0 – 0 – 0 + 8.0B + 1.0Mo	233
FER 106	0.85 – 0 – 0 + 12.0CaO + 0.1MgO + 0.01B + 0.3% Ácido carboxílico + 5.0% Aminoácidos + 0.08S	234
FER 107	0 – 0 – 0 + 6.0MgO+ 4.8S	236
FER 108	0 – 0 – 0 + 8.0Zn+ 3.8S	237

Bibliografía

Alcantara-Cortes, J. S., Acero Godoy, J., Alcántara Cortés, J. D., & Sánchez Mora, R. M. (2019). Principales reguladores hormonales y sus interacciones en el crecimiento vegetal. Nova, 17(32), 109-129.

Ávarez-Solís, J. D., Gómez-Velasco, D., León-Martínez, N. S., & Gutiérrez-Miceli, F. A. (2010). Manejo integrado de fertilizantes y abonos orgánicos en el cultivo de maíz. Agrociencia, 44(5), 575-586.

Ávila, J. A. (2001). El mercado de los fertilizantes en México/situación actual y perspectivas. Problemas del desarrollo, 189-207.

Borja-Bravo, M., & García-Salazar, J. A. (2022). El Programa de Fertilizantes para el Bienestar y el mercado de frijol en México. Agronomía Mesoamericana, 33(2).

Castro, L. (1957). Los fertilizantes en España. Revista de estudios agro-sociales, 20, 49-73.

Coll, J. B., Rodrigo, G. N., García, B. S., & Tamés, R. S. (2019). Fisiología vegetal. Comercial Grupo ANAYA, SA.

da Silva, F. C., & DA SILVA, F. C. (2009). Manual de análises químicas de solos, plantas e fertilizantes. Brasília, DF: Embrapa Informação Tecnológica; Rio de Janeiro: Embrapa Solos, 2009.

Finck, A. (2021). Fertilizantes y fertilización. Reverté.

Fresco, L. O., & General, S. (2003). Los fertilizantes y el futuro. In Conferencia FAO/IFA sobre La seguridad alimentaria mundial y la función de la fertilización sostenible (pp. 26-28).

Ginés, I., & Mariscal Sancho, I. D. L. (2002). Incidencia de los fertilizantes sobre el pH del suelo.

Gonzálvez, V., & Pomares, F. (2008). La fertilización y el balance de nutrientes en sistemas agroecológicos. Sociedad Española de Agricultura Ecológica, Madrid.

Ignatieff, V. (1959). El uso eficaz de los fertilizantes.

Juárez Hernández, M. D. J., Baca Castillo, G. A., Lorenzo, A., Navarro, A., Sánchez García, P., Tirado Torres, J. L., ... & Colinas De León, M. T. (2006). Propuesta para la formulación de soluciones nutritivas en estudios de nutrición vegetal. Interciencia, 31(4), 246-253.

Molina, E. (2002). Fuentes de fertilizantes foliares. Fertilización foliar: principios y aplicaciones, 1, 26-35.

Navarro García, G. (2013). Química agrícola: química del suelo y de los nutrientes esenciales para las plantas. Ediciones Mundi-Prensa.

Navarro García, G. (2023). Fertilizantes. Química y acción. Ediciones Mundi-Prensa.

Porta, H., & Jiménez-Nopala, G. (2019). Papel de las hormonas vegetales en la regulación de la autofagia en plantas. TIP. Revista especializada en ciencias químico-biológicas, 22.

www.ingramcontent.com/pod-product-compliance
Lightning Source LLC
Chambersburg PA
CBHW050203230526
45470CB00001B/222